原油集输系统能效评价与节能提效

姚 彬 赵 毅 成庆林 编著

中国石化出版社

内 容 提 要

本书系统阐述了原油集输系统能效评价与节能提效的方法和技术，是作者近年来相关科研工作的体现。其主要内容包括原油集输系统的能流组成与能流图绘制，原油集输系统的能耗分布规律、多层次能效评价体系及薄弱环节识别，油田加热炉与机泵的节能监测测试指标、测试方法与限定值，能耗指标及其影响因素分析，能效综合评价、用能问题分析、节能提效技术措施以及选型指南。

本书可供从事油气田地面工程节能工作的科研人员、技术人员以及高等院校相关专业的师生参考使用。

图书在版编目(CIP)数据

原油集输系统能效评价与节能提效／姚彬，赵毅，成庆林编著．—北京：中国石化出版社，2021.6
ISBN 978-7-5114-6344-9

Ⅰ.①原… Ⅱ.①姚… ②赵… ③成… Ⅲ.①原油-集输系统 Ⅳ.①TE86

中国版本图书馆 CIP 数据核字(2021)第 118071 号

中国石化出版社出版发行

地址:北京市东城区安定门外大街 58 号
邮编:100011 电话:(010)57512500
发行部电话:(010)57512575
http://www.sinopec-press.com
E-mail:press@sinopec.com
北京富泰印刷有限责任公司印刷
全国各地新华书店经销

*

787×1092 毫米 16 开本 8.25 印张 188 千字
2021 年 7 月第 1 版 2021 年 7 月第 1 次印刷
定价:46.00 元

前　言
PREFACE

原油集输系统是以油田油井为起点、矿场原油库或长输油管道首站为终点之间的所有矿场业务，涵盖了油井、计量间、接转站以及联合站等站场系统，涉及油田加热炉、机泵等多种用能设备，物流、能流结构复杂。原油集输系统总体上具有“规模大”“投资大”“能耗大”的特点，其能耗占原油生产总能耗的40%~60%，投资占50%以上。随着中国多数油田进入开发中后期，油井产量持续递减、含水率不断升高，原油集输系统的合理用能将面临更加严峻的挑战。因此，科学评价原油集输系统能耗水平，准确识别系统用能薄弱环节，并给出关键用能设备的节能技改措施，对于油田的高效低耗经济运行与可持续发展具有重要的现实意义。

本书系统阐述了原油集输系统能效评价与节能提效的方法和技术，主要内容包括：在原油集输工艺流程分类基础上，简述了集输站场的能耗测试与计算方法，将原油集输能量系统划分为集油井口、接转站、联合站子系统，以各子系统典型集油流程为例，给出了系统能流图的绘制方法；以热能利用率、电能利用率为主要能耗指标，研究了原油集输系统能耗分布规律，构建了从总系统到集油井口、接转站、联合站子系统用电和用热两种能源实物多个层级的原油集输系统能效评价体系，分析了原油集输系统存在的主要耗能问题，识别出各子系统的用能薄弱环节；简述了油田加热炉分类及工作原理，确定了油田加热炉排烟温度、过量空气系数、炉体外表面温度及热效率为能效评价指标，分析了油田加热炉能效影响因素，针对目前油田加热炉运行过程中存在的耗能问题提出了相应的加热炉提效技术；简述了油田机泵分类及工作原理，确定了油田机泵泵运行效率、电动机效率、功率因数以及吨·百米耗电量为能效评价指标，通过对油田机泵能效影响因素进行分析，总结油田机泵存在的主要耗能问题，提出相应的机泵提效措施；简述了油田加热炉、机泵选型的一般性规定，根据油田加热炉和机泵实际运行效率分布规律，对井口、计转站、联合站等不同站场加热炉以及不同额定流量、不同油品性质外输泵进行选型推荐。

全书共分为5章，第1章由姚彬、钟荣强编写，第2章由赵毅、赵德银编写，第3章由成庆林、黎志敏编写，第4章由姚彬、张菁编写，第5章由赵毅、孙巍编写。本书在编写过程中得到了中国石化西北油田分公司地面规划研究所同志们和东北石油大学石油工程学院油气储运系部分老师、研究生们的热心帮助，在此向他们表示衷心的感谢！

由于作者水平有限，书中难免有错误和疏漏之处，敬请广大读者批评指正。

作者

2020年12月

目　录

CONTENTS

1　原油集输系统能流组成 …… (1)

1.1　原油集输系统工艺流程 …… (1)

1.1.1　集输流程发展 …… (1)

1.1.2　集输流程分类 …… (2)

1.2　原油集输系统能耗测试与计算方法 …… (6)

1.2.1　测试项目 …… (6)

1.2.2　测试方法 …… (7)

1.2.3　计算方法 …… (7)

1.3　原油集输系统能流图绘制 …… (10)

1.3.1　原油集输能量系统 …… (10)

1.3.2　原油集输系统能流图 …… (10)

1.4　本章小结 …… (12)

2　原油集输系统能效评价与分析 …… (13)

2.1　原油集输系统用能单元划分以及能耗指标 …… (13)

2.1.1　用能单元划分 …… (13)

2.1.2　主要耗能设备的用能特点 …… (15)

2.1.3　系统能耗指标 …… (16)

2.2　原油集输系统能耗分布规律 …… (18)

2.2.1　联合站子系统 …… (18)

2.2.2　计转站子系统 …… (21)

2.2.3　集油井口子系统 …… (30)

2.3　原油集输系统能效评价体系 …… (32)

2.3.1　多层级能效评价体系基本实施步骤 …… (32)

2.3.2　多层级能效评价体系实施实例 …… (32)

2.4　原油集输系统用能薄弱环节识别 …… (39)

2.4.1　原油集输系统站场用能达标情况 …… (39)

2.4.2　联合站子系统薄弱环节识别 …… (40)

2.4.3　计转站子系统薄弱环节识别 …… (41)

2.4.4　集油井口子系统薄弱环节识别 …… (42)

2.5　本章小结 …… (43)

3 油田加热炉能效评价及提效技术 …………………………………………………… (44)
3.1 油田加热炉分类及工作原理 …………………………………………………… (44)
3.1.1 油田加热炉分类 …………………………………………………………… (44)
3.1.2 油田加热炉工作原理 ……………………………………………………… (44)
3.2 油田加热炉节能监测 ……………………………………………………………… (48)
3.2.1 节能监测项目 ……………………………………………………………… (48)
3.2.2 测试方法 …………………………………………………………………… (49)
3.2.3 节能指标限定值 …………………………………………………………… (52)
3.2.4 节能产品节能效果评价 …………………………………………………… (53)
3.3 油田加热炉能效评价指标 ………………………………………………………… (54)
3.3.1 能效评价指标确定 ………………………………………………………… (54)
3.3.2 油田加热炉能效影响因素分析 …………………………………………… (55)
3.3.3 评价指标对加热炉整体用能水平的影响 ………………………………… (60)
3.4 油田加热炉能效综合评价与分析 ………………………………………………… (62)
3.4.1 测试数据 …………………………………………………………………… (62)
3.4.2 加热炉运行状况 …………………………………………………………… (63)
3.4.3 存在问题 …………………………………………………………………… (66)
3.5 油田加热炉提效技术 ……………………………………………………………… (66)
3.5.1 高效节能燃烧器 …………………………………………………………… (66)
3.5.2 节能燃烧技术 ……………………………………………………………… (68)
3.5.3 余热回收技术 ……………………………………………………………… (70)
3.5.4 远红外涂料技术 …………………………………………………………… (72)
3.5.5 除垢阻垢技术 ……………………………………………………………… (73)
3.5.6 优化控制技术 ……………………………………………………………… (74)
3.6 本章小结 …………………………………………………………………………… (75)
4 油田机泵能效评价及提效措施 …………………………………………………… (76)
4.1 油田机泵分类及工作原理 ………………………………………………………… (76)
4.1.1 油田机泵分类 ……………………………………………………………… (76)
4.1.2 油田常用的机泵工作原理 ………………………………………………… (76)
4.2 油田机泵节能监测 ………………………………………………………………… (78)
4.2.1 节能监测项目 ……………………………………………………………… (78)
4.2.2 测试方法 …………………………………………………………………… (78)
4.2.3 节能指标限定值 …………………………………………………………… (81)
4.2.4 节能产品节能效果评价 …………………………………………………… (82)
4.3 油田机泵能效评价指标 …………………………………………………………… (83)
4.3.1 油田机泵能效影响因素分析 ……………………………………………… (83)
4.3.2 评价指标对机泵整体用能水平的影响 …………………………………… (89)

4.4 油田机泵能效综合评价与分析 …… (91)
4.4.1 能耗现状 …… (91)
4.4.2 存在的问题 …… (96)
4.5 油田机泵提效措施 …… (97)
4.5.1 叶轮切削改造 …… (97)
4.5.2 局部更换泵部件 …… (98)
4.5.3 永磁调速技术 …… (100)
4.5.4 更换淘汰电机 …… (101)
4.6 本章小结 …… (103)
5 油田主要用能设备选型指南 …… (104)
5.1 油田加热炉选型一般性规定 …… (104)
5.2 原油集输系统加热炉选型指南 …… (106)
5.2.1 通用选型规定 …… (106)
5.2.2 井口加热炉选型指南 …… (106)
5.2.3 站内加热炉选型指南 …… (107)
5.3 油田机泵选型一般性规定 …… (113)
5.3.1 型式与参数 …… (113)
5.3.2 一般要求 …… (113)
5.3.3 安全阀 …… (114)
5.3.4 泵的台数和备用率 …… (114)
5.3.5 工作用油 …… (114)
5.3.6 类型选择相关要求 …… (114)
5.3.7 安装要求 …… (115)
5.3.8 流量、扬程 …… (115)
5.3.9 轴封形式 …… (115)
5.3.10 联轴器及其选用 …… (116)
5.4 原油集输系统机泵选型指南 …… (116)
5.4.1 通用选型规定 …… (116)
5.4.2 输油泵选型指南 …… (116)
5.5 本章小结 …… (122)
参考文献 …… (123)

1 原油集输系统能流组成

油田开发包括油藏工程、钻采工程及地面工程，在油田建设中，油田地面工程投资约占油田开发总投资的30%~40%。原油集输系统是以油田油井为起点、矿场原油库或长输油管道首站为终点之间的所有矿场业务，具体而言，就是将油田各油井的产出物集中起来，经过必要的处理，使之成为符合国家或行业质量标准的原油等产品，并将这些产品送至系统各个出口。本章给出了常见的原油集输流程，介绍了集输站场能耗测试方法，分析了原油集输系统内部能流组成，阐述了系统能流图的绘制方法。

1.1 原油集输系统工艺流程

原油集输系统是地面工程的重要环节。科学地选用集输工艺过程和流程，能够提升集输效率，控制能源消耗问题，优化能源产量，提升能源开发与利用价值。

1.1.1 集输流程发展

集输流程是随着油田开发的进步逐步发展和完善起来的。中国自20世纪初发现并开发油田以来，集输处理流程的发展经过了五个阶段。

第一阶段：20世纪初至30年代初，基本采用单井集油、单井拉油方式，工艺过程简单，油气仅简单分离，要油不要气，原油采用沉降工艺脱水除砂。这个阶段为不成系统的简单工艺。

第二阶段：20世纪30年代末至50年代，随着油田开发的不断扩大，地面工程开始形成较完整的系统：将数口井的油气产物收集在一个站(即选油站)上进行油气分离，原油在开式罐中沉降脱水后泵输到集油站装车外运。油田油气收集处理以管线和相关设备构成了一个开式流程。这种流程因在俄罗斯巴鲁宁首次被采用，又称巴鲁宁流程。50年代开发的克拉玛依油田基本采用这种流程。

第三阶段：20世纪60年代至70年代初，随着大庆油田的开发实践，人们创造了单管密闭、“串型”流程即萨尔图流程。之后，胜利油田、大港油田、辽河油田等油田相继被发现和开发，结合各自油田的实际情况采用了各种类型的“米”字形井网“小站”流程，即单井进计量站集中计量、联合站集中油气分离、脱水处理的集输流程，其特点是油井产物密闭混输到联合站，属于密闭收集，但到联合站的脱水处理则是开式的。这一时期为集输流程大发展的时期，集输工艺设备、加热保温方式、处理工艺和设备等都有许多创新，形成了各具特色的集输处理流程。特别值得一提的是，实验成功并推广应用了各种不加热集输(常温集输)流程，使高含蜡原油的集输实现了重大突破。

第四阶段：20世纪70年代中至80年代末，集输处理系统采用“三脱三回收”工艺，即原油脱水、脱气，天然气(伴生气)脱轻烃，回收天然气中的轻烃、处理后的采出水和污水中的原油，使油田“出四种产品”，即符合出矿标准的原油、轻烃、天然气和处理后的采出水。自那时起，已开发的老油田按这些要求进行改造，新油田按这些要求进行建设，解决了原油稳定、天然气处理回收轻烃等方面的关键技术问题，在原油脱水、污水处理方面也研究开发了许多新技术、新设备，使各油田在原来只能进行原油脱水、污水处理的基础上扩充了原油脱气、天然气脱轻烃等功能，提高了油气水处理的深度。

第五阶段：进入20世纪90年代以来，我国已开发的主要油田都已进入高含水采油期，节能降耗成为油田开发生产中至关重要的环节。集输流程和集输处理工艺、设备则更为突出地强调高效节能。

1.1.2 集输流程分类

1.1.2.1 按集输系统布站方式分类

为了把油田各单井的原油集中起来进行输送、计量和处理，需要根据各区块的实际情况和油品性质，采用不同的原油集输工艺，充分利用油气资源达到节能降耗和方便管理的目的。油气集输工艺流程按集输系统的布站方式可分为“一级半”布站流程、二级布站流程和三级布站流程。

(1)“一级半”布站流程

“一级半”布站流程可看作由“井口→计量站→联合站”的二级布站流程简化而来，“一级半”中的“半”指阀组间不带计量功能，在井口采用计量车计量，也可以在各计量站的位置只设计量阀组，数座计量阀组(包含几十口井或一个油区)共用一套计量装置放在联合站，其流程如图1-1所示。

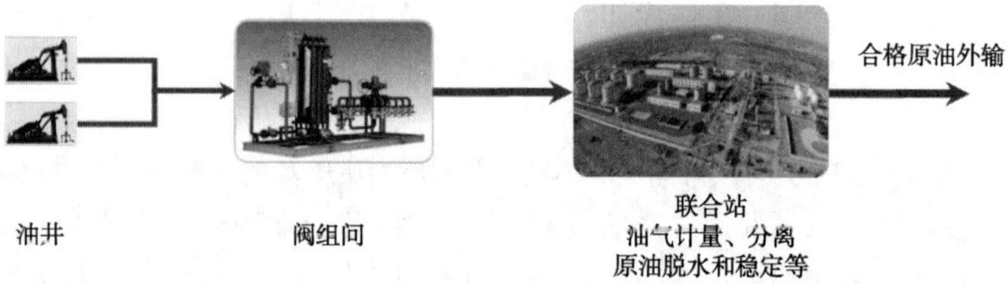

图1-1 “一级半”布站流程

由于多数计量站简化为计量阀组，而计量阀组至计量装置由计量管线相连，从而使集输流程大大简化。与二级布站流程相比，“一级半”布站流程的工程量大幅度减少，其工程投资显著降低，但联合站放置计量阀组这种情况不适合环形管网。

国外的许多油田，特别是近年来开发的油田，包括沙漠地区的油田，都采用“一级半”布站流程，即数口井设一套计量阀组，在集中处理站设三相分离计量装置对全地区油井计量。我国胜利宁海油田等曾试用过这种流程，吐哈鄯善油田已局部采用这种流程，吐哈丘陵油田已全面采用这种流程，塔里木东河塘油田则采用了“井口→联合站”构成的一级布站集输流程，既简化了工艺又降低了投资。

（2）二级布站流程

二级布站流程是指由“井口→计量站→联合站”构成的布站流程。单井产物在分井计量站分别计量油、气、水产量值后，气液再混合经集油管线进入联合处理站集中进行油气分离、原油脱水、原油稳定、天然气脱水、天然气凝液回收等处理工艺，得到合格的油气产品，采出水集中处理后回注。二级布站流程如图 1-2 所示。

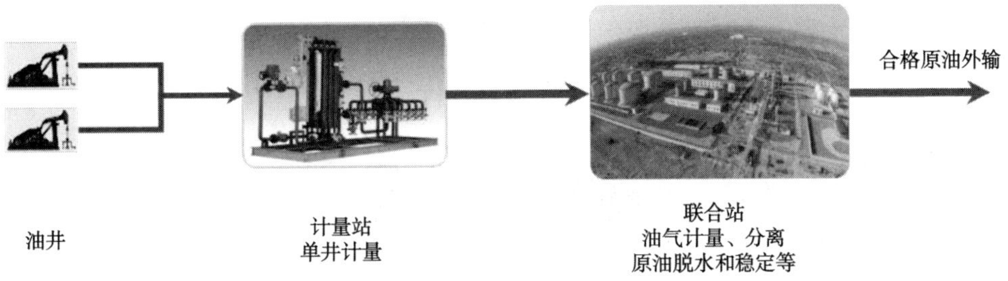

图 1-2　二级布站流程

这种流程适合于气油比低、集输半径较小的油田，可以充分利用地层能量，从井口至联合站不再设泵接转，既简化了集输系统，又便于管理，还节省了大量的投资，是目前国内油田广泛选用的流程，但原油稳定装置、天然气凝液回收装置在处理量变化幅度较大时，其适应性较差。

（3）三级布站流程

三级布站流程更适合规模较大的油田。它是在二级布站流程的基础上发展而来的。随着油田区块的向外延伸，油井数量不断增加、集输半径逐渐增大、油田总产量持续递增，采出水量也越来越多，采出水一般采用回掺或经污水处理后回注地层。当集输半径很大时，如果仍采用二级布站流程，大量的采出水需要返输时，不管是从投资还是从管理和运行费用上看，都是不合理的。另外部分小油田产量较少、油品性质较好，但单独为其建设原油稳定装置、轻烃回收装置，经济成本高，因此需要输送至附近油田进行集中处理，这样就产生了“中间过渡站”，即接转站。三级布站流程如图 1-3 所示。

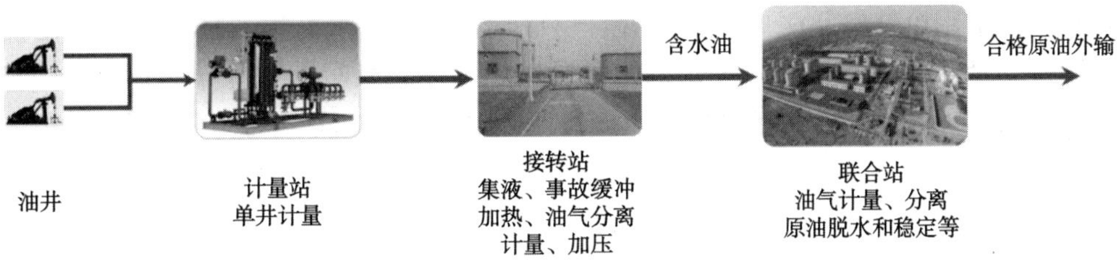

图 1-3　三级布站流程

接转站的主要功能是增压、掺水、油气分离，将原油及天然气分别输送至设有原油脱水、原油稳定、天然气脱水、天然气凝液回收的联合站进一步处理。

部分稠油区块接转站还具有掺稀功能，可以把计量站和接转站合成计转掺稀站，其工艺流程如图 1-4 和图 1-5 所示。

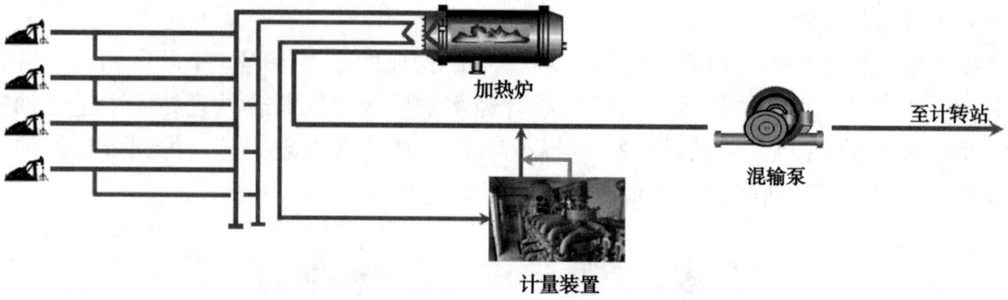

图 1-4　计量混输接转工艺流程

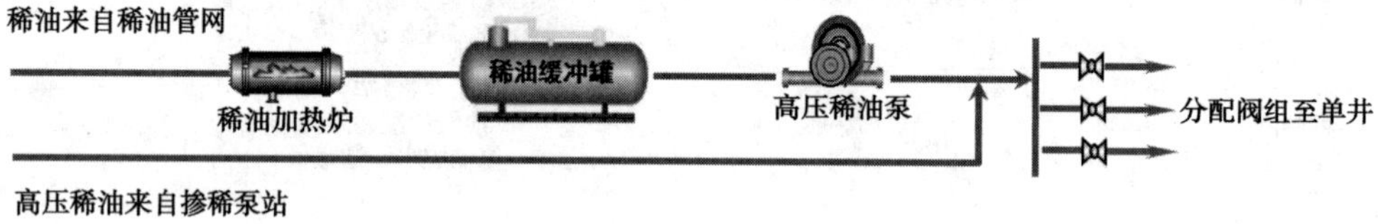

图 1-5　掺稀工艺流程

1.1.2.2　按油井集输管网形态分类

根据油井产物进站方式和管网形态不同，小站流程管网有以下四种。

(1) 放射状管网

放射状管网的特点是单井进计量间，适用于油井产能较高的区块，如图 1-6 所示。

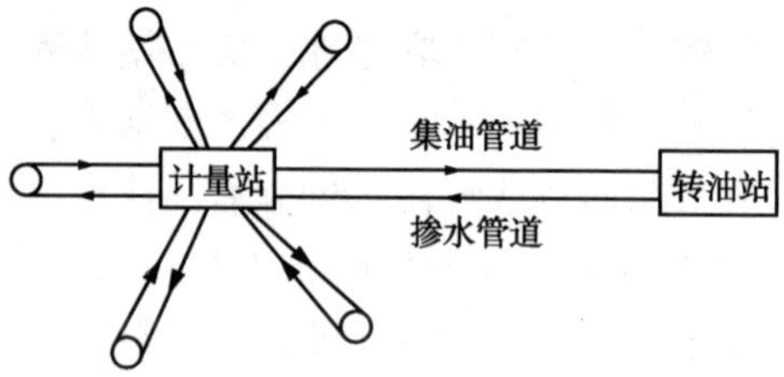

图 1-6　放射状管网

(2) 环状管网

环状管网采用单管串联两口以上油井，形成集油环，若干个集油环接入一座集油阀组间，如图 1-7 所示。在接转站，首先将热水泵送到集油阀组间，然后分配到各集油环。油井产液进入集油环与掺入的热水混合后，一起自压输送到集油阀组间。

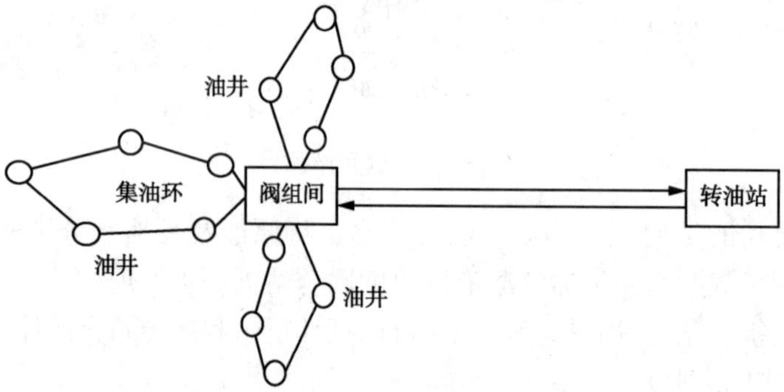

图 1-7　环状管网

（3）树状管网

树状管网为单井或多井串联进站，集油管网呈树状，如图 1-8 所示。每口独立油井或每座丛式井场各设置一台电加热器将油井产液出油温度升高至原油凝点以上，然后由电热管保温自压进入集油站，节点与节点之间由温控系统控制。

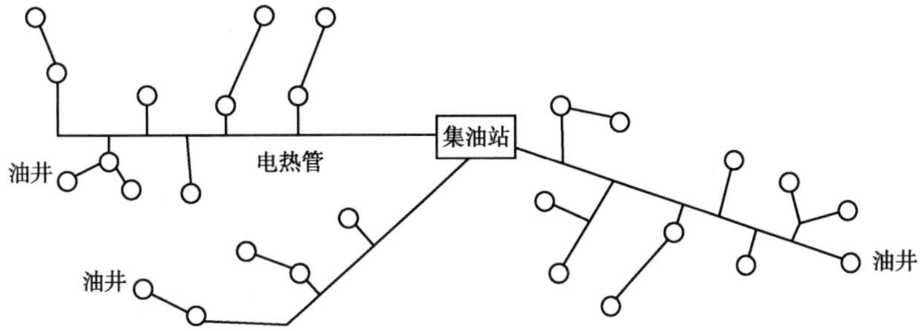

图 1-8　树状管网

（4）串状管网

串状管网为 2~3 口井串接进入集油阀组间，在端点并口安装投球阀，在集油阀组间设收球及发球装置，热洗车洗井，如图 1-9 所示。串状管网比双管流程少一条掺水管道，正常生产时无运行能耗，更适用于高含水、高产液、符合不加热集油技术界限的开发区块。

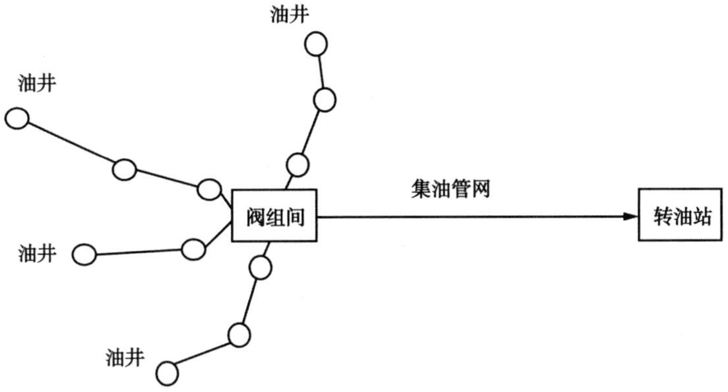

图 1-9　串状管网

本书针对中国西部某油田原油集输系统进行研究，该系统以加热集输为主，包含 3 个采油厂，共有联合站 4 座、计转站 70 座，总井数 2168 口、开井数 1436 口。其中，Y_1 厂拥有联合站 1 座、计转站 23 座、总井数 887 口、开井数 499 口；Y_2 厂拥有联合站 2 座、计转站 30 座、总井数 766 口、开井数 482 口；Y_3 厂拥有联合站 1 座、计转站 17 座、总井数 515 口、开井数 382 口，如表 1-1 所示。

表 1-1　原油集输系统站场统计情况

单位	联合站/座	联合站站名	计转站/座	计转站站名	总井数/口	开井数/口
Y_1 厂	1	A_1 联合站	23	A_1 ~ A_{23} 站	887	499
Y_2 厂	2	B_1 和 B_2 联合站	30	B_1 ~ B_{30} 站	766	482
Y_3 厂	1	C_1 联合站	17	C_1 ~ C_{17} 站	515	382
合计	4		70		2168	1363

根据开发区块不同，原油分为中质油、稠油、超稠油，20℃原油密度为0.75~1.017g/cm³，30℃黏度为5~1.8×10⁶mPa·s。计量站主要对来液进行计量；接转站主要负责来液的油气分离、加压、加热和外输，某些区块建设计转站，兼顾计量站和接转站的功能；计量混输泵站主要分布在重质油和稠油区块，负责周边油井产液计量和加压外输，稠油区块的计量混输泵站还兼具掺稀功能；联合站主要将来液进行油气水分离，脱水后进入原油稳定塔进行原油稳定和脱硫，处理后的合格原油加压外输至油库，集输系统如图1-10所示。

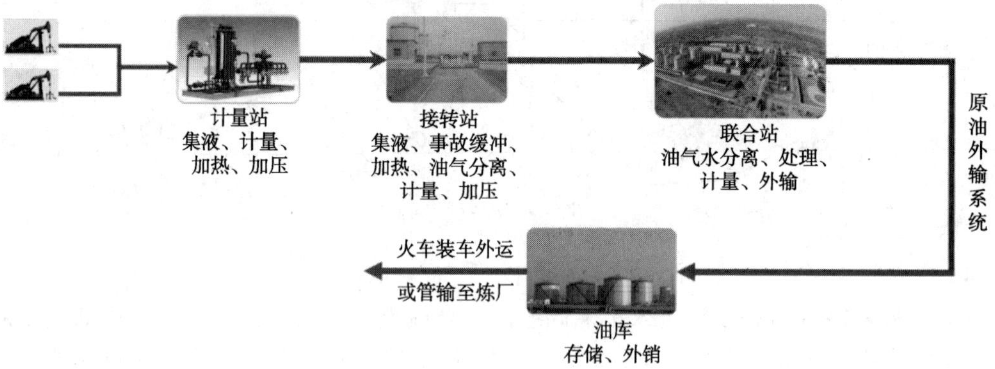

图1-10　油田集输系统

1.2　原油集输系统能耗测试与计算方法

根据国家标准GB/T 33653—2017《油田生产系统能耗测试和计算方法》，原油集输系统能耗测试从接转站、联合站以及集油井口三部分入手，测试指标主要包括燃料油(气/煤)消耗量、燃料油(气/煤)发热量、电能消耗量、进站和出站的液(油)量以及原油密度等。

1.2.1　测试项目

根据被测对象的工艺流程、能源消耗种类、供热方式以及测试任务和目的，确定原油集输系统能耗测试相关项目。

(1) 原油集输系统主要耗能设备的测试项目

1) 输油泵、输水泵的测试项目应按GB/T 3216—2016《回转动力泵水力性能验收试验1级、2级和3级》的规定确定；

2) 加热炉的测试项目应按SY/T 6381—2016《石油工业用加热炉热工测定》的规定确定；

3) 锅炉的测试项目应按GB/T 10180—2017《工业锅炉热工性能试验规程》的规定确定。

(2) 原油集输系统各站的测试项目

1) 燃料油(气/煤)消耗量、燃料油(气/煤)发热量；

2) 电能消耗量；

3) 进站和出站的液(油)量、含水率；

4) 原油密度；

5) 当地大气压力；

6）环境温度。

油井井口测试项目为井口加热装置的电能消耗量或燃料消耗量。

1.2.2 测试方法

正式测试应在被测对象工况稳定后进行。工况稳定是指被测对象的主要运行参数波动在测试期间平均值的±10%以内。

测试的时间选择和测算数值的取值应具有平均值的代表性。除需化验分析的项目以外，对同一测试单元的各个参数的测试宜在同一时间内进行，测取数据的时间间隔为5~15min，测试过程时间一般不少于1h。

对于采用变频器控制的电动机，应在变频器前端测试电参数。

应按GB/T 9109.5—2017《石油和液体石油产品动态计量第5部分：油量计算》规定的方法进行原油计量，应按GB/T 10180—2017《工业锅炉热工性能试验规程》规定的方法进行燃料(油)气计量。

原油密度的测定应按GB/T 1884—2008《弹簧度盘秤》的规定执行。

原油含水率的测定应按GB/T 260—2016《石油产品水含量的测定 蒸馏法》或GB/T 8929—2006《原油水含量的测定 蒸馏法》的规定执行。取样应按GB/T 4756—2015《石油液体手工取样法》的规定执行。

应按GB/T 10180—2017《工业锅炉热工性能试验规程》规定的方法对燃料取样和热值测定。

原油集输系统主要耗能设备的测试可与站的测试同时进行，测试数量可根据测试任务和要求具体确定。测试方法如下：

1）输油泵、输水泵的测试均应按GB/T 3216—2016《回转动力泵水力性能验收试验 1级、2级和3级》的规定执行；

2）加热炉的测试应按SY/T 6381—2016《石油工业用加热炉热工测定》的规定执行；

3）锅炉的测试应按GB/T 10180—2017《工业锅炉热工性能试验规程》的规定执行。

1.2.3 计算方法

原油集输系统能耗计算的有关符号和单位如表1-2所示。

表1-2 原油集输系统能耗计算的有关符号和单位

序号	符号	名称	单位
1	$B_{8,C}$	集中处理站燃料(油/气/煤)消耗量	kg/h 或 m^3/h
2	$B_{8,T}$	接转站燃料(油/气/煤)消耗量	kg/h 或 m^3/h
3	$E_{8,Ch}$	集中处理站供给介质的热能	kJ/h
4	$E_{8,Th}$	接转站供给介质的热能	kJ/h
5	$G_{8,Cp}$	测试期内集中处理站生产原油量(或油当量)	t/h
6	$G_{8,Cpl}$	测试期内集中处理站处理采出液量	t/h
7	$M_{8,C}$	集中处理站单位原油生产综合能耗	kgce/t

续表

序号	符号	名称	单位
8	$M_{8,\mathrm{Cl}}$	集中处理站单位液量处理综合能耗	kgce/t
9	$M_{8,\mathrm{E}}$	原油集输系统单位原油集输电耗	kW·h/t
10	$M_{8,\mathrm{El}}$	原油集输系统单位液量集输电耗	kW·h/t
11	$M_{8,\mathrm{F}}$	原油集输系统单位原油集输油(气/煤)耗	m^3/t 或 kg/t(标准燃料)
12	$M_{8,\mathrm{Fl}}$	原油集输系统单位液量集输油(气/煤)耗	m^3/t 或 kg/t(标准燃料)
13	$M_{8,\mathrm{S}}$	原油集输系统单位原油集输综合能耗	kgce/t
14	$M_{8,\mathrm{Sl}}$	原油集输系统单位液量集输综合能耗	kgce/t
15	$N_{8,\mathrm{Ce}}$	集中处理站耗电量	(kW·h)/h
16	$N_{8,\mathrm{Te}}$	接转站耗电量	(kW·h)/h
17	$N_{8,\mathrm{We}}$	油井井口电加热装置的耗电量	(kW·h)/h
18	$Q_{8,\mathrm{net,v,ar}}$	燃料(油/气/煤)收到基低位发热量	kJ/kg 或 kJ/m^3
19	$Q_{8,\mathrm{s}}$	标准燃料(油/气/煤)低位发热量	kJ/m^3(kg)
20	$Q_{8,\mathrm{Ce}}$	标准煤低位发热量(1kg 标准煤低位发热量约 29271kJ)	kJ/kg
21	u_8	被测原油集输系统的接转站总数	个
22	v_8	被测原油集输系统集中处理站总数	个
23	ω_8	被测油井井口电加热装置的总数	个

主要耗能设备效率计算如下：

1）输油泵、输水泵的机组效率计算应按 GB/T 7021—2019《离心泵名词术语》、GB/T 7785—2013《往复泵分类和名词术语》的规定执行。

2）加热炉的效率计算应按 SY/T 6381—2016《石油工业用加热炉热工测定》的规定执行。

3）锅炉的效率计算应按 GB/T 10180—2017《工业锅炉热工性能试验规程》的规定执行。

原油集输能耗计算如下：

接转站供给介质的热能按式(1-1)计算：

$$E_{8,\mathrm{Th}}=B_{8,\mathrm{T}}\cdot Q_{8,\mathrm{net,v,ar}} \tag{1-1}$$

集中处理站供给介质的热能按式(1-2)计算：

$$E_{8,\mathrm{Ch}}=B_{8,\mathrm{C}}\cdot Q_{8,\mathrm{net,v,ar}} \tag{1-2}$$

集中处理站每处理 1t 采出液的综合能耗，即为集中处理站单位液量处理综合能耗，按式(1-3)计算：

$$M_{8,\mathrm{Cl}}=\frac{E_{8,\mathrm{Ch}}+3600N_{8,\mathrm{Ce}}}{Q_{8,\mathrm{Ce}}\cdot G_{8,\mathrm{Cpl}}} \tag{1-3}$$

集中处理站每生产 1t 原油的综合能耗，即为集中处理站单位原油生产综合能耗，按式(1-4)计算：

$$M_{8,\mathrm{C}}=\frac{E_{8,\mathrm{Ch}}+3600N_{8,\mathrm{Ce}}}{Q_{8,\mathrm{Ce}}\cdot G_{8,\mathrm{Cp}}} \tag{1-4}$$

原油集输系统每集输处理 1t 采出液的耗电量，即为原油集输系统单位液量集输电耗，按式(1-5)计算：

$$M_{8,\mathrm{El}}=\frac{\sum_{i=1}^{u_8}N_{8,\mathrm{Te}i}+\sum_{j=1}^{v_8}N_{8,\mathrm{Ce}j}+\sum_{k=1}^{\omega_8}N_{8,\mathrm{We}k}}{\sum_{j=1}^{v_8}G_{8,\mathrm{Cpl}j}} \tag{1-5}$$

原油集输系统每集输处理 1t 采出液的耗油(气/煤)量，即为原油集输系统单位液量集输油(气/煤)耗，按式(1-6)计算：

$$M_{8,\mathrm{Fl}}=\frac{\sum_{i=1}^{u_8}N_{8,\mathrm{Th}i}+\sum_{j=1}^{v_8}N_{8,\mathrm{Ch}j}}{Q_{8,\mathrm{s}}\cdot\sum_{j=1}^{v_8}G_{8,\mathrm{Cpl}j}} \tag{1-6}$$

原油集输系统每集输处理 1t 采出液的综合能耗，即为原油集输系统单位液量集输综合能耗，按式(1-7)计算：

$$M_{8,\mathrm{Sl}}=\frac{\sum_{i=1}^{u_8}(E_{8,\mathrm{Th}}+3600N_{8,\mathrm{Te}})_i+\sum_{j=1}^{v_8}(E_{8,\mathrm{Ch}}+3600N_{8,\mathrm{Ce}})_j+\sum_{k=1}^{\omega_8}3600N_{8,\mathrm{We}k}}{Q_{8,\mathrm{Ce}}\cdot\sum_{j=1}^{v_8}G_{8,\mathrm{Cpl}j}} \tag{1-7}$$

原油集输系统每生产 1t 原油的耗电量，即为原油集输系统单位原油集输电耗，按式(1-8)计算：

$$M_{8,\mathrm{E}}=\frac{\sum_{i=1}^{u_8}N_{8,\mathrm{Te}i}+\sum_{j=1}^{v_8}N_{8,\mathrm{Ce}j}+\sum_{k=1}^{\omega_8}N_{8,\mathrm{We}k}}{\sum_{j=1}^{v_8}G_{8,\mathrm{Cp}j}} \tag{1-8}$$

原油集输系统每生产 1t 原油的耗油(气/煤)量，即为原油集输系统单位原油集输油(气/煤)量耗，按式(1-9)计算：

$$M_{8,\mathrm{F}}=\frac{\sum_{i=1}^{u_8}E_{8,\mathrm{Th}i}+\sum_{j=1}^{v_8}E_{8,\mathrm{Ch}j}}{Q_{8,\mathrm{s}}\cdot\sum_{j=1}^{v_8}G_{8,\mathrm{Cp}j}} \tag{1-9}$$

原油集输系统每生产 1t 原油的综合能耗，即为原油集输系统单位原油集输综合能耗，按式(1-10)计算：

$$M_{8,\mathrm{S}}=\frac{\sum_{i=1}^{u_8}(E_{8,\mathrm{Th}}+3600N_{8,\mathrm{Te}})_i+\sum_{j=1}^{v_8}(E_{8,\mathrm{Ch}}+3600N_{8,\mathrm{Ce}})_j+\sum_{k=1}^{\omega_8}3600N_{8,\mathrm{We}k}}{Q_{8,\mathrm{Ce}}\cdot\sum_{j=1}^{v_8}G_{8,\mathrm{Cp}j}} \tag{1-10}$$

1.3 原油集输系统能流图绘制

1.3.1 原油集输能量系统

从热力学角度看，原油集输系统是一个巨大的能量耗散系统，在整个系统流程中包括能量的转换、输送、利用等环节。因此，我们在对原油集输系统做用能评价、分析时，应从能流变化途径进行研究。由于整个系统中所有站、设备、管网中都有能流的存在和变化，所以取整个系统为研究范围，此研究范围称为原油集输能量系统。

原油集输能量系统构成十分复杂。为便于用能分析，可将其分成联合站子系统、接转站子系统、集输井口子系统，分别对各子系统进行分析。

(1) 联合站子系统(集中处理站子系统)

联合站子系统中设备很多，包括游离水分离器、压力沉降罐、污水缓冲罐、原油加热炉、锅炉、油泵、水泵、电机等。但这些设备耗能情况各有不同。

介质通过游离水分离器、压力沉降罐、污水缓冲罐等设备时，压力、温度变化较小，也是不需要耗能的机械方法的分离，可以不列为分析的设备。与原油集输工艺无直接关系的锅炉不予考虑，联合站中主要耗能设备为加热炉和泵。

(2) 接转站子系统

与联合站子系统分析思路相同，接转站子系统主要耗能设备也是加热炉和泵。

(3) 集油井口子系统

井口主要耗能设备为井口加热炉以及电加热器等。

1.3.2 原油集输系统能流图

能量系统能流图是将系统的主要耗能设备以介质的流动方向为主线用有向线段连接而成，线段的方向表示能量的流动方向。下面以某油田区块原油集输流程为例，绘出集输各子系统典型能流图。

(1) 集油井口子系统

集油井口系统能流图如图 1-11 所示。

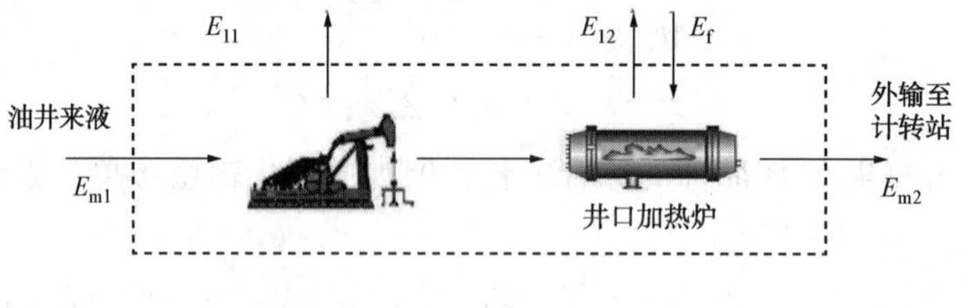

图 1-11　集油井口系统能流图

其中，E_{m1}为油井来液带入能，E_{m2}为输出液体的带出能，E_f表示设备供给的燃料能，E_{11}和E_{12}表示各设备的能损失，单位均为 kJ。

(2) 接转站子系统

典型接转站流程：油井来油气首先经阀组进入生产汇管，然后进入加热炉加热，温度升高后进入油气分离缓冲罐进行气液分离，分离出的原油经外输泵加压输至外输管线，最终输送至联合站处理。接转站能流图如图 1-12 所示。

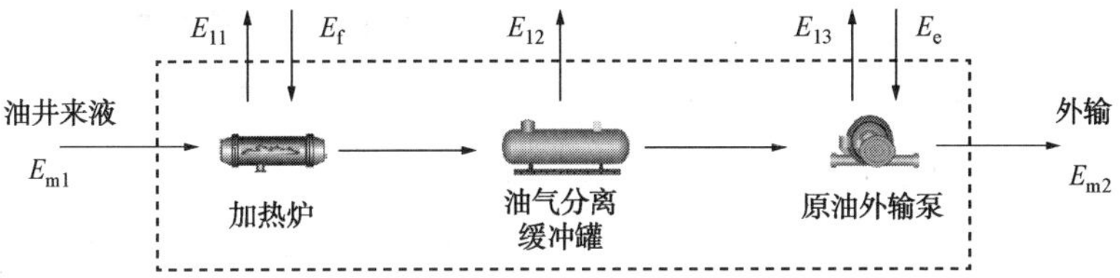

图 1-12　接转站系统能流图

其中，E_{m1}为油井来液带入能，E_{m2}为输出含水原油的带出能，E_e表示设备供给的电能，E_f表示设备供给的燃料能，E_{11}、E_{12}和E_{13}表示各设备的能损失，单位均为 kJ。

当井口原油为稠油时，集输往往考虑以掺稀油的方法降低黏度。

掺稀流程：联合站来稀油进站计量，经稀油加热炉加热后，通过调节阀，然后进入稀油储罐进行缓冲。稀油经高压掺油泵加压后计量、分配、回掺至掺稀井口，其中一部分稀油预留外输至其他接转站，用于其周边单井的掺稀。接转站掺稀系统能流图如图 1-13所示。

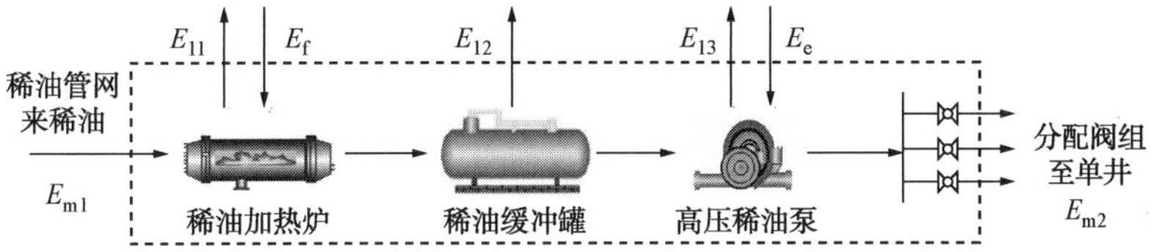

图 1-13　接转站掺稀系统能流图

其中，E_{m1}为稀油带入能，E_{m2}为输出稀油的带出能，E_e表示设备供给的电能，E_f表示设备供给的燃料能，E_{11}、E_{12}和E_{13}表示各设备的能损失，单位均为 kJ。

(3) 联合站子系统

典型联合站流程：单井(或接转站)进站原油加药后进加热炉加热，升温后进油气两相分离器进行气、液两相分离，含水原油进一级沉降罐和二级沉降罐沉降脱水，原油经脱水泵提升进加热炉，加热后进入负压稳定(脱硫)塔进行原油稳定和脱硫，稳定脱硫后的原油经提升泵提升进入净化油罐，静止沉降后放底水至合格原油，通过外输泵后计量、外输。联合站能流图如图 1-14 所示。

其中，E_{m1}和E_{m2}分别为联合站来液带入能和原油带出能，E_{e1}、E_{e2}和E_{e3}表示设备供给的电能，E_{f1}和E_{f2}表示设备供给的燃料能，E_{11} ~ E_{110}表示各设备的能损失，单位均为 kJ。

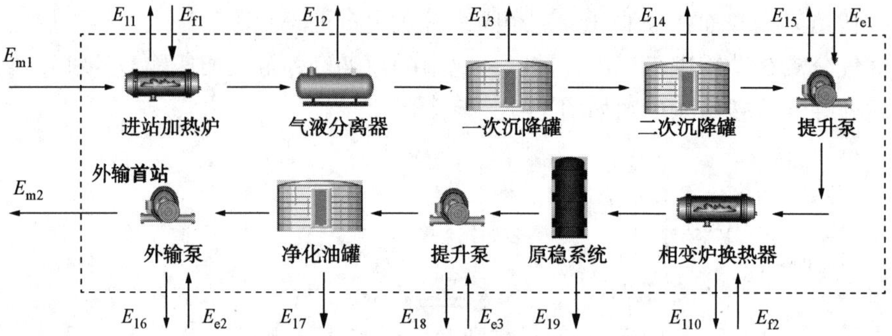

图 1-14　联合站系统能流图

1.4　本章小结

本章介绍了集输处理流程发展经过的五个阶段，分别为单井集油阶段、选油站阶段、密闭收集阶段、“三脱三回收”阶段和高效集输阶段，描述了集输系统多级布站流程；给出了原油集输系统测试项目和测试方法以及相关计算公式，以及原油集输系统测试和计算方法；阐述了原油集输系统组成，划分为联合站、转油站以及集油井口三大子系统，分析了原油集输系统主要耗能设备用能特点，并根据各子系统内部能量实际流动情况，绘制各系统典型能流图。

2 原油集输系统能效评价与分析

原油集输系统能耗巨大，用能结构复杂，多数油田在进入开发后期后，油井产量持续递减、含水率不断升高，原油集输系统面临着能耗高、设备结垢、设备运行效率低等问题。因此，有必要研究原油集输系统现状，对原油集输系统进行用能单元划分，确定能耗指标，研究原油集输系统能耗分布规律，建立原油集输系统能效评价体系，分析原油集输系统存在的问题，识别原油集输系统用能的薄弱环节。

2.1 原油集输系统用能单元划分以及能耗指标

2.1.1 用能单元划分

原油集输系统主要耗能设备为加热炉和泵，因此将原油集输系统划分为热能单元和电能单元。为了更好地研究原油集输系统中的热能单元和电能单元，需要建立原油集输系统能量平衡模型。根据能量守衡与转换定律，系统的能量平衡模型如图 2-1 所示。

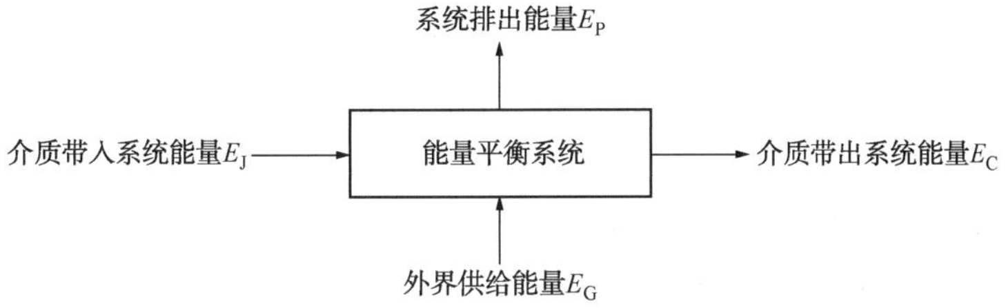

图 2-1 能量平衡模型

根据图 2-1 可以列出能量平衡方程为：

$$E_J+E_G=E_P+E_C$$

对于原油集输系统划分的联合站(集中处理站)、接转站以及集油井口三大子系统，联合站能量平衡模型如图 2-2 所示。

联合站能量平衡模型关系式如式(2-1)所示。

$$E_{Chin}+E_{Cpin}+E_{Ch}+E_{Ce}=E_{Chout}+E_{Cpout}+\Delta E_{Ch}+\Delta E_{Cp} \tag{2-1}$$

式中 E_{Chin}、E_{Cpin}——联合站介质带入热(压力)能，kJ；

E_{Chout}、E_{Cpout}——联合站介质带出热(压力)能，kJ；

E_{Ch}、E_{Ce}——联合站供给热(电)能，kJ；

ΔE_{Ch}——联合站的热能损失，kJ；

ΔE_{Cp}——联合站的电能损失，kJ。

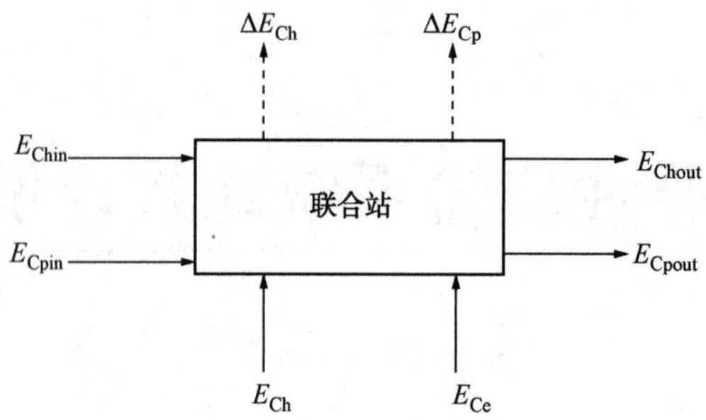

图 2-2　联合站能量平衡模型

接转站能量平衡模型如图 2-3 所示。

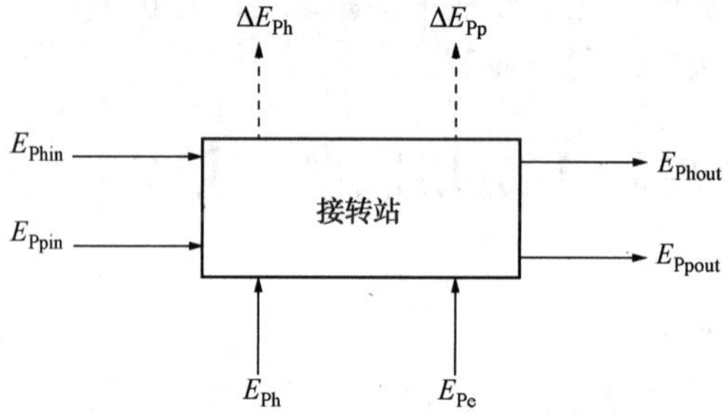

图 2-3　接转站能量平衡模型

接转站能量平衡模型关系如式(2-2)所示。

$$E_{\mathrm{Phin}}+E_{\mathrm{Ppin}}+E_{\mathrm{Ph}}+E_{\mathrm{Pe}}=E_{\mathrm{Phout}}+E_{\mathrm{Ppout}}+\Delta E_{\mathrm{Ph}}+\Delta E_{\mathrm{Pp}} \tag{2-2}$$

式中　E_{Phin}、E_{Ppin}——接转站介质带入热(压力)能，kJ；

E_{Phout}、E_{Ppout}——接转站介质带出热(压力)能，kJ；

E_{Ph}、E_{Pe}——接转站供给热(电)能，kJ；

ΔE_{Ph}——接转站的热能损失，kJ；

ΔE_{Pp}——接转站的电能损失，kJ。

集油井口能量平衡模型如图 2-4 所示。

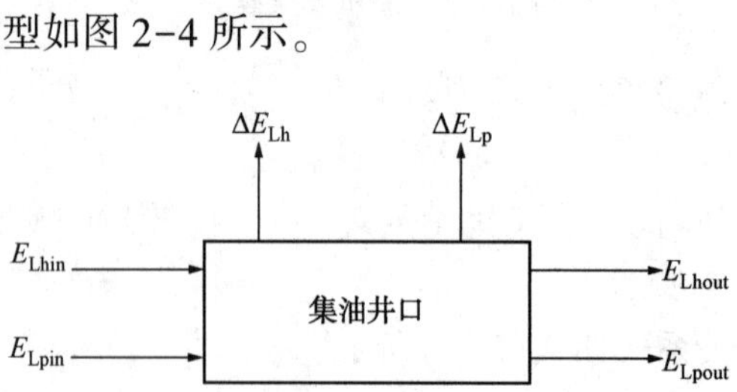

图 2-4　集油井口能量平衡模型

集油井口能量平衡模型关系如式(2-3)所示：

$$E_{\mathrm{Lhin}}+E_{\mathrm{Lpin}}=E_{\mathrm{Lhout}}+E_{\mathrm{Lpout}}+\Delta E_{\mathrm{Lh}}+\Delta E_{\mathrm{Lp}} \tag{2-3}$$

式中　E_{Lhin}、E_{Lpin}——集油井口系统介质带入热(压力)能，kJ；

E_{Lhout}、E_{Lpout}——集油井口系统介质带出热(压力)能，kJ；

ΔE_{Lh}——集油井口系统中管道的热能损失，kJ；

ΔE_{Lp}——集油井口系统中管道的电能损失，kJ。

2.1.2 主要耗能设备的用能特点

2.1.2.1 加热炉

加热炉是将燃料燃烧产生的热量传给被加热的介质而使其温度升高的一种加热设备，广泛应用于油田原油集输系统中，作为一种重要的能量转换设备，在使用过程中，消耗燃料能为原油提供热能，也是油田生产中的耗能大户。加热炉的热损失包括以下几方面：

(1) 排烟热损失

当烟气离开加热炉的最后受热面时，烟气温度高于进入加热炉时空气的温度，这部分热量随烟气排出，没被利用而形成热损失。排烟热损失是加热炉各项热损失中最大的一项。

影响排烟温度高低的主要因素包括燃烧过程是否组织合理、负荷适中炉管积灰和受热面布置是否合理，烟气是否短路，冲刷是否合理等。减少烟气容积的方法可根据加热炉热负荷状况及燃油耗量来自动调节助燃风量，辅以烟气氧量校正，可实现过剩空气系数的合理控制，如采用低氧燃烧技术减少炉墙、烟道及其他附件的漏风。

(2) 气体未完全燃烧热损失

由于一氧化碳、氢气、甲烷等可燃气体未经燃烧放热就随烟气排入大气，这种热损失称为气体未完全燃烧热损失，也称为化学未完全燃烧热损失。

(3) 固体未完全燃烧热损失

在烟气或油灰中含有固体碳粒未经燃烧放热即随烟气排入大气和沉积在炉膛或烟道内，这项热损失称为固体未完全燃烧热损失。形成此项热损失的碳粒有两个来源：一是油滴燃烧后剩下的焦粒，二是油气分解时形成的炭黑。

(4) 散热损失

散热损失是在加热炉运行时各部分炉墙、炉顶、钢构架、进出口油管、转油线、烟道等部件的温度均高于周围大气温度而向周围环境所散失的热量。

影响散热损失的因素有：炉墙质量、加热炉外表面面积的大小、表面温度、炉墙结构、绝缘层的隔热性能与厚度、环境温度、风力及空气湿度等。

2.1.2.2 泵

泵是将机械能(或其他能量)转变为液体能量的一种水力机械。液体得到能量发生流动，压力增高，因而可将液体输送至高处、远处或高压处。泵是油田输送原油的重要设备。泵的类型很多，现场应用较多的是各种离心泵，可作为输油泵、热水热油循环泵、脱水泵、高压热油(热水)洗井泵和给水泵使用。

泵是能量转换设备，在使用过程中，消耗的是电能，给液体提供的是压能。在离心泵转换能量过程中，不是所有的机械能都能成为有效功，运转时不可避免地会有各种能量损失。泵内的能量损失可分为水力损失、容积损失和机械损失三类。

(1) 水力损失

离心泵的水力损失是指液体流经叶轮、导叶等水力部件所产生的冲击损失、旋涡损失、摩擦损失及其他能量损失的总和。

(2) 容积损失

离心泵的容积损失主要是由于高压液体在泵内窜流和向泵外漏失引起的。其中，一部分高压液体经叶轮与泵壳密封环之间的间隙，窜出进口低压区；还有一部分液体，经轴与泵壳的轴封装置外漏，从而使实际流量降低。

(3) 离心泵的机械损失

离心泵的机械损失指叶轮盖板两侧面与液体之间的摩擦损失，也叫圆盘损失。

2.1.3 系统能耗指标

以前文油田原油集输系统为例，划分为联合站系统、计转站系统和集油井口系统，对联合站和计转站的能耗计算指标选取热能和电能利用率、单位液量集输电耗、单位液量集输气耗和单位液量综合能耗；集油井口系统能耗主要为井口加热炉加热油品产生的热耗，因此集油井口能耗计算指标选取热能利用率、单位液量集输气耗和单位液量处理综合能耗。各能耗指标计算公式如下：

(1) 联合站子系统

联合站热能利用率：

$$\eta_1=\frac{E_{\text{hout1}}-E_{\text{hin1}}}{E_{\text{Ch1}}} \tag{2-4}$$

式中 E_{hout1}——离开联合站物流携带热能，kJ；

E_{hin1}——进入联合站物流携带热能，kJ；

E_{Ch1}——外界供入联合站热能，kJ。

联合站电能利用率：

$$\eta_2=\frac{E_{\text{pout1}}-E_{\text{pin1}}}{E_{\text{Ce1}}} \tag{2-5}$$

式中 E_{pout1}——离开联合站物流携带压能，kJ；

E_{pin1}——进入联合站物流携带压能，kJ；

E_{Ce1}——外界供入联合站热能，kJ。

联合站单位液量集输电耗：

$$M_{\text{Ce}}=\frac{N_{\text{Ce}}}{\sum_{i=1}^{n} G_i} \tag{2-6}$$

式中 N_{Ce}——联合站集输耗电量，kW · h；

$\sum_{i=1}^{n} G_i$——原油集输系统处理液量，t。

联合站系统单位液量集输气耗：

$$M_{\text{Cf}}=\frac{E_{\text{Ch}}}{Q_8\cdot\sum_{i=1}^{n} G_i} \tag{2-7}$$

式中 E_{Ch}——联合站提供的总热能，kJ；

$\sum_{i=1}^{n} G_i$——原油集输系统处理液量，t；

Q_8——标准燃气低位发热量，kJ/m^3。

联合站系统单位液量集输综合能耗见式(1-3)。

(2) 计转站子系统

计转站热能利用率：

$$\eta_3 = \frac{E_{\text{hout2}} - E_{\text{hin2}}}{E_{\text{Ch2}}} \tag{2-8}$$

式中 E_{hout2}——离开计转站物流携带热能，kJ；

E_{hin2}——进入计转站物流携带热能，kJ；

E_{Ch2}——外界供入计转站热能，kJ。

计转站电能利用率：

$$\eta_4 = \frac{E_{\text{pout2}} - E_{\text{pin2}}}{E_{\text{Ce2}}} \tag{2-9}$$

式中 E_{pout2}——离开计转站物流携带压能，kJ；

E_{pin2}——进入计转站物流携带压能，kJ；

E_{Ce2}——外界供入计转站电能，kJ。

计转站单位液量集输电耗：

$$M_{\text{Te}} = \frac{N_{\text{Te}}}{\sum_{i=1}^{n} G_i} \tag{2-10}$$

式中 N_{Te}——计转站集输耗电量，kW · h；

$\sum_{i=1}^{n} G_i$——原油集输系统处理液量，t。

计转站系统单位液量集输气耗：

$$M_{\text{TF}} = \frac{E_{\text{Th}}}{Q_8 \cdot \sum_{i=1}^{n} G_i} \tag{2-11}$$

式中 E_{Th}——计转站提供的总热能，kJ；

$\sum_{i=1}^{n} G_i$——原油集输系统处理液量，t；

Q_8——标准燃气低位发热量，kJ/m^3。

计转站系统单位液量综合能耗：

$$M_{\text{s}} = \frac{E_{\text{Te}} + E_{\text{Th}}}{Q_{\text{ce}} \cdot \sum_{i=1}^{n} G_i} \tag{2-12}$$

式中 E_{Te}——计转站提供的总电能，kJ；

E_{Th}——计转站提供的总热能，kJ；

Q_{ce}——标准煤低位发热量(1kg 标准煤低位发热量约 29271kJ)，kJ。

(3) 集油井口子系统

集油井口热能利用率：

$$\eta_5=\frac{E_{hout3}-E_{hin3}}{E_{Ch3}} \tag{2-13}$$

式中 E_{hout3}——离开集油井口系统物流携带热能，kJ；

E_{hin3}——进入集油井口系统物流携带热能，kJ；

E_{Ch3}——外界供入集油井口系统热能，kJ。

集油井口系统单位液量集输气耗：

$$M_{WF}=\frac{E_{Weh}}{Q_8\cdot\sum_{i=1}^{n}G_i} \tag{2-14}$$

式中 E_{Weh}——集油井口系统提供的总热能，kJ；

$\sum_{i=1}^{n}G_i$——原油集输系统处理液量，t；

Q_8——标准燃气低位发热量，kJ/m^3。

集油井口系统单位液量综合能耗：

$$M_{Ws}=\frac{E_{Weh}}{Q_{ce}\cdot\sum_{i=1}^{n}G_i} \tag{2-15}$$

式中 E_{Weh}——计转站提供的总热能，kJ；

Q_{ce}——标准煤低位发热量(1kg 标准煤低位发热量约 29271kJ)，kJ；

$\sum_{i=1}^{n}G_i$——原油集输系统处理液量，t。

2.2 原油集输系统能耗分布规律

原油集输系统能耗巨大，其原油产量在各月份存在明显差异，集输系统内部耗气量和耗电量有所变化，因此有必要研究原油集输系统能耗分布规律，分析原油集输系统内部联合站、计转站、集油井口子系统能耗全年变化趋势。

2.2.1 联合站子系统

根据油田现场实际生产情况，对 A1、B1、B2 和 C1 联合站现场实际参数进行测试，得到各联合站进站液量、含水率和原油密度、燃料气消耗量、耗电量等，联合站基础数据如表 2-1 所示。

表 2-1 联合站基础数据

序号	项目名称	单位	测算结果			
			A1 联合站	B1 联合站	C1 联合站	B2 联合站
1	进站液量	m^3/d	17865	16007	9818	13120
2	进站油量	m^3/d	2427	11095	4614	11407

续表

序号	项目名称	单位	测算结果			
			A1 联合站	B1 联合站	C1 联合站	B2 联合站
3	含水率	%	86. 4	30. 7	53. 0	13. 1
4	原油密度	kg/m^3	879. 5	949. 1	909. 6	947. 9
5	原油比热容	J/(kg · ℃)	2100	2100	2100	2100
6	水比热容	J/(kg · ℃)	4200	4200	4200	4200
7	燃料气消耗量	Nm^3/d	25848	35381	26146	18703
8	集输耗电量	kW · h/d	6010	3771	15256	24645

通过上表联合站基础数据，计算得出各联合站热耗占比、热能利用率和电能利用率对比柱状图如图 2-5~图 2-7 所示。

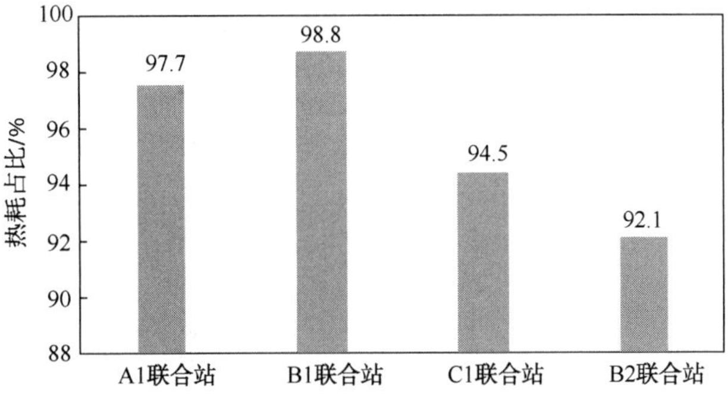

图 2-5　联合站热耗占比

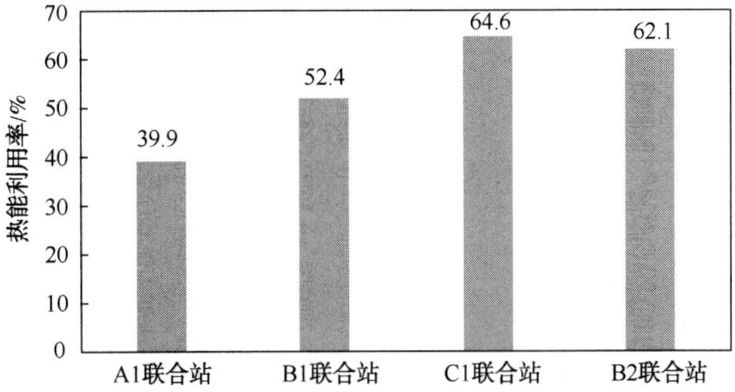

图 2-6　联合站热能利用率

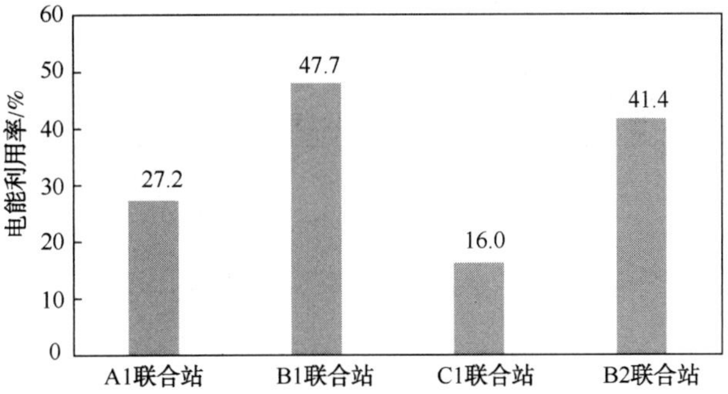

图 2-7　联合站电能利用率

通过上图可知，B1 联合站热耗占比最高为 98.8%，B2 联合站热耗占比最低为 92.1%，四座联合站热耗占比均大于 90%，因此热耗为联合站主要耗能。其中，C1 联合站热能利用率最高为 64.6%，A1 联合站热能利用率最低为 39.9%，B1 联合站电能利用率最高为 47.7%，C1 联合站电能利用率最低为 16.0%。

通过对联合站整体系统进行计算，联合站系统热能利用率为 55.0%，电能利用率为 32.3%，热耗占比为 95.7%，单位液量集输电耗为 0.95kW·h/t，单位液量集输气耗为 2.14m³/t，单位液量综合能耗为 2.72kgce/t。为了更好地说明联合站能耗分布规律，通过全年数据进行计算，得到各联合站全年热能利用率、电能利用率和能源利用率变化趋势如图 2-8~图2-11所示。

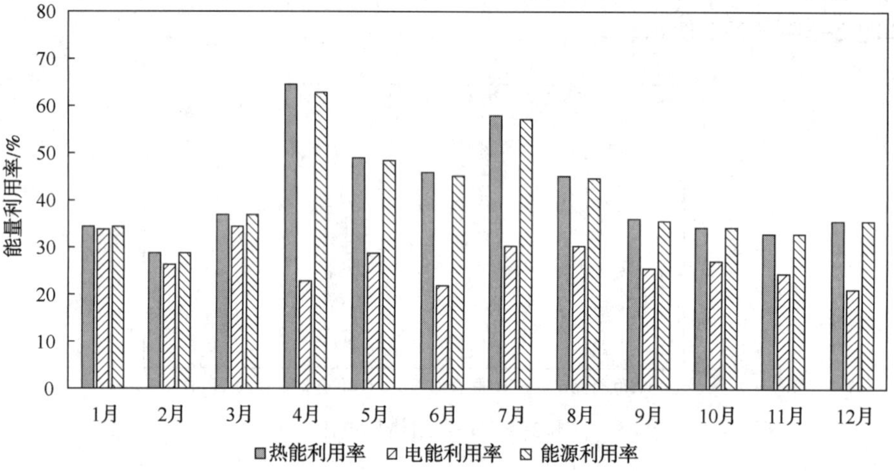

图 2-8　A1 联合站全年能源利用率变化趋势

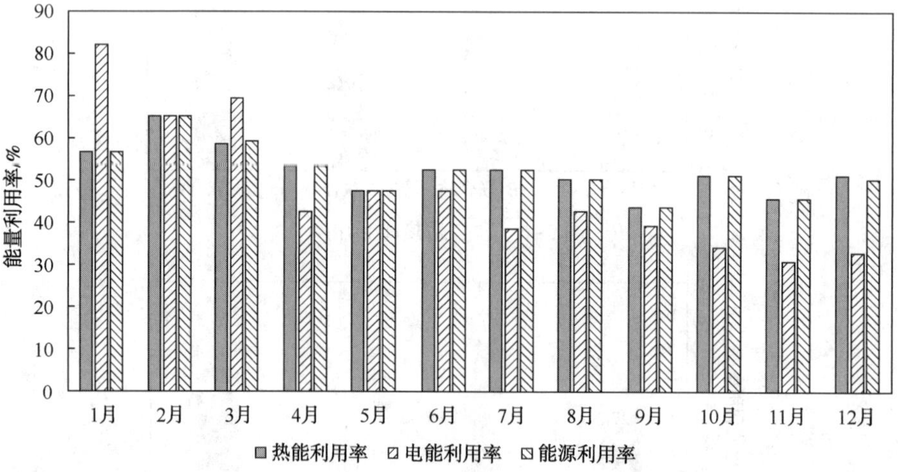

图 2-9　B1 联合站全年能源利用率变化趋势

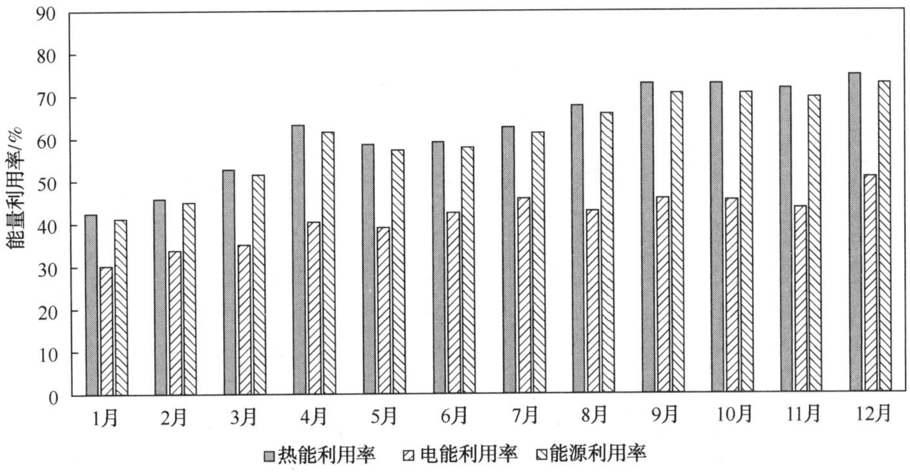

图 2-10 B2 联合站全年能源利用率变化趋势

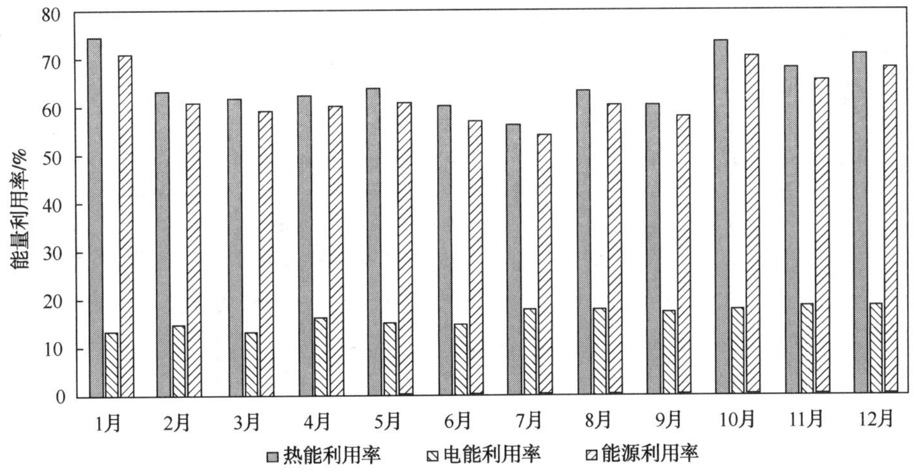

图 2-11 C1 联合站全年能源利用率变化趋势

A1 联合站全年能源利用率介于 29%~65%，4 月能源利用率最高为 63.2%，2 月最低为 29.1%；B1 联合站全年能源利用率介于 43%~66%；2 月能源利用率最高为 65.1%，9 月最低为 43.6%；B2 联合站全年能源利用率介于 41%~73%，12 月能源利用率最高为 73%，1 月最低为 41.4%；C1 联合站全年能源利用率介于 54%~71%，1 月能源利用率最高为 70.8%，7 月最低为 54.1%。B2 和 C1 联合站能源利用率相对较高，能量损失较小。

2.2.2 计转站子系统

根据油田现场实际生产情况，对 Y1 厂、Y2 厂和 Y3 厂计转站现场实际参数进行测试，得到各计转站进站液量、含水率和原油密度、燃料气消耗量、耗电量等计转站基础数据。

2.2.2.1 Y1 厂计转站能耗情况

Y1 厂计转站基础数据如表 2-2 所示，通过 Y1 厂计转站基础数据，计算得出各计转站热耗占比、热能利用率和电能利用率对比柱状图，如图 2-12~图 2-14 所示。

表 2-2　Y1 厂计转站基础数据

序号	项目名称	单位	测算结果											
			A1 站	A2 站	A3 站	A4 站	A5 站	A6 站	A7 站	A8 站	A9 站	A10 站	A11 站	A12 站
1	进站液量	m^3/d	1976.6	689.8	1751.5	663.7	1709.0	559.2	93.8	3327.9	966.4	478.3	916.7	598.3
2	进站油量	m^3/d	219.9	172.5	334.1	81.6	427.3	67.5	12.6	556.8	279.4	206.7	293.4	87.4
3	含水率	%	88.9	75.0	80.9	87.7	75.0	87.9	86.6	83.3	71.1	56.8	68.0	85.4
4	原油密度	kg/m^3	630.5	837.5	958.8	927.5	837.2	920.0	837.2	942.6	935.6	932.2	957.6	877.0
5	原油比热容	J/(kg·℃)	2223	2223	2223	2223	2223	2333	2223	2223	2223	2223	2223	2223
6	水比热容	J/(kg·℃)	4200	4200	4200	4200	4200	4200	4200	4200	4200	4200	4200	4200
7	计转站燃料消耗量	m^3/d	1956.3	766.7	5392.7	3631.0	1980.2	540.6	358.1	3307.0	9426.0	1436.5	1677.1	963.6
8	集输耗电量	kW·h/d	300.0	540.0	1587.0	1742.2	1432.4	0	110.0	2825.0	0	0	0	355.6

序号	项目名称	单位	测算结果											
			A13 站	A14 站	A15 站	A16 站	A17 站	A18 站	A19 站	A20 站	A21 站	A22 站	A23 站	
1	进站液量	m^3/d	124.9	30.2	2500.5	1462.8	680.0	869.2	300.6	132.1	127.8	475.8	1510.2	
2	进站油量	m^3/d	24.2	0.3	250.1	160.9	88.9	90.7	46.9	13.7	58.0	47.7	587.5	
3	含水率	%	80.7	99.0	90.0	89.0	86.9	89.6	84.4	89.6	54.6	90.0	61.1	
4	原油密度	kg/m^3	923.2	935.4	908.7	908.7	650.0	857.0	845.0	801.0	834.0	651.3	889.7	
5	原油比热容	J/(kg·℃)	2223	2223	2223	2223	2100	2223	2223	2223	2223	2223	2223	
6	水比热容	J/(kg·℃)	4200	4200	4200	4200	4200	4200	4200	4200	4200	4200	4200	
7	计转站燃料消耗量	m^3/d	291.8	123.0	6611.6	2325.1	0	1658.3	263.8	149.6	220.0	654.7	2882.5	
8	集输耗电量	kW·h/d	0	10.1	2118.7	2283.8	231.3	825.8	395.0	197.5	194.2	225.0	1265.0	

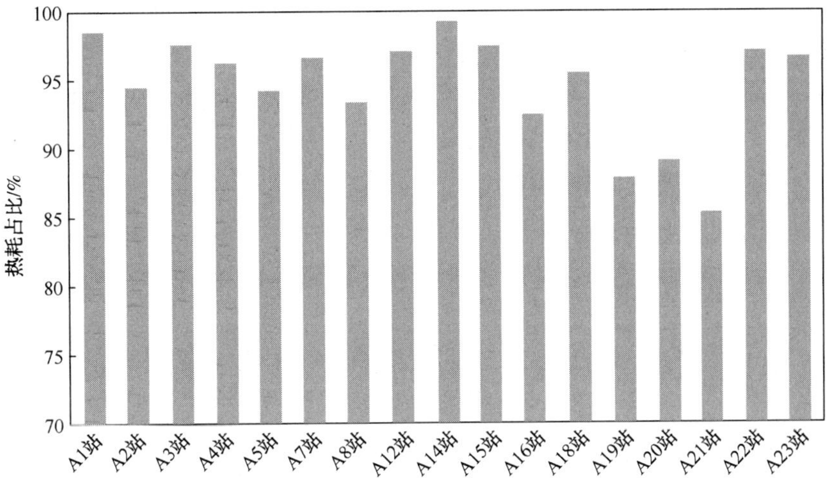

图 2-12　Y1 厂计转站热耗占比

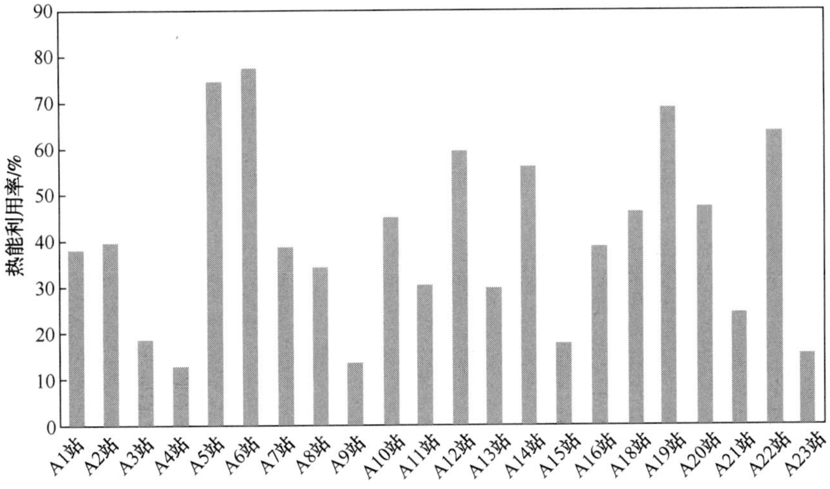

图 2-13　Y1 厂计转站热能利用率

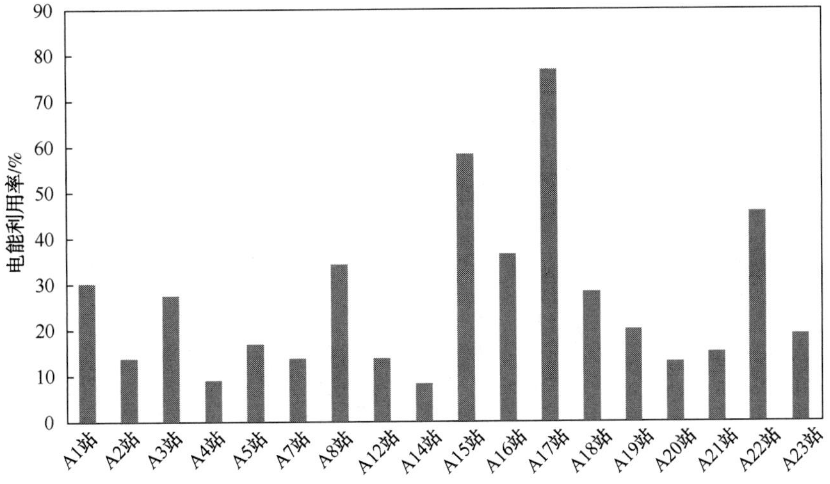

图 2-14　Y1 厂计转站电能利用率

通过图 2-12~图 2-14 可知，A14 计转站热耗占比最高为 99.3%，A21 计转站热耗占比最低为 85.2%，Y1 厂计转站热耗占比均大于 85%，热耗为 Y1 厂计转站主要耗能；A6 计转站热能利用率最高为 77.5%，A4 计转站热能利用率最低为 13.3%，A17 计转站电能利用率最高为 77.2%，A14 计转站电能利用率最低为 8.6%。

2.2.2.2 Y2 厂计转站能耗情况

Y2 厂计转站基础数据如表 2-3 所示，通过 Y2 厂计转站基础数据，计算得出各计转站热耗占比、热能利用率和电能利用率对比柱状图，如图 2-15~图 2-17 所示。

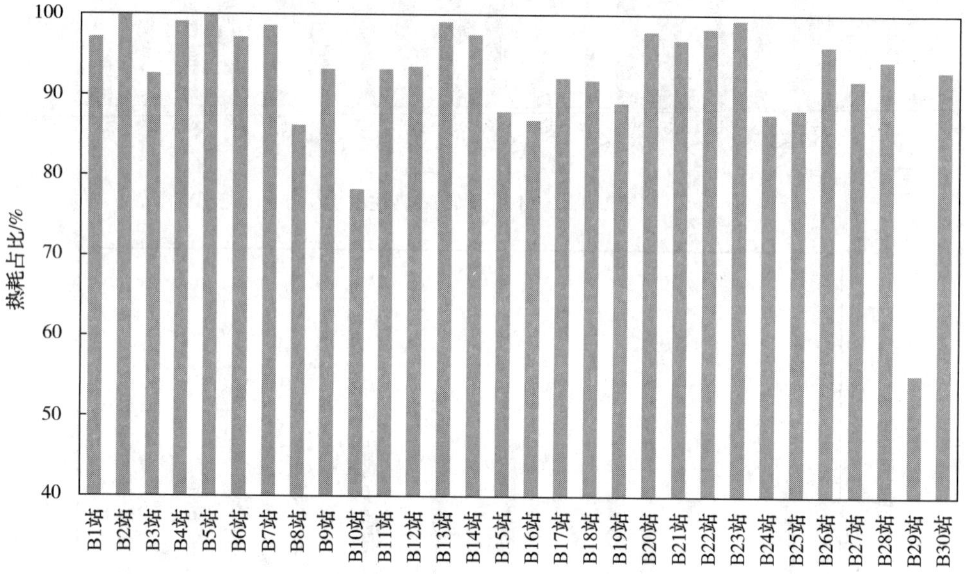

图 2-15　Y2 厂计转站热耗占比

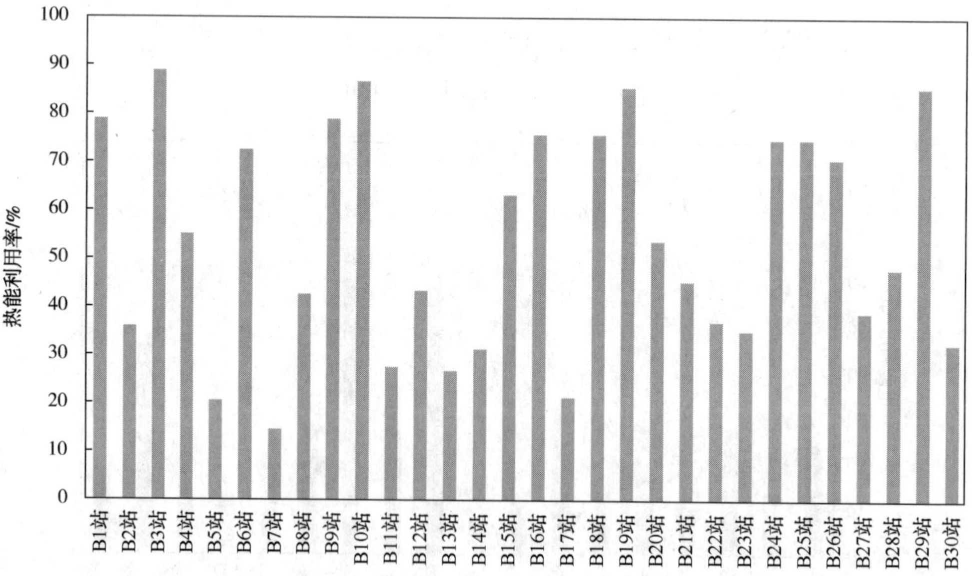

图 2-16　Y2 厂计转站热能利用率

表 2-3　Y2 厂计转站基础数据

序号	项目名称或测试地点	单位	测算结果														
			B1 站	B2 站	B3 站	B4 站	B5 站	B6 站	B7 站	B8 站	B9 站	B10 站	B11 站	B12 站	B13 站	B14 站	B15 站
1	进站液量	m^3/d	825.0	513.2	1761.0	376.7	253.3	1249.2	500.0	5466.3	766.7	1256.9	435.0	465.0	1280.0	1108.0	2614.2
2	进站油量	m^3/d	508.1	218.6	1122.6	205.0	169.5	769.3	250.0	4204.9	589.8	966.8	403.9	414.5	488.5	705.5	2378.5
3	含水率	%	38.4	57.4	36.3	45.6	33.1	38.4	50.0	23.1	23.1	23.1	7.1	10.9	61.8	36.3	9.0
4	原油密度	kg/m^3	973.3	946.8	954.2	962.5	962.8	953.3	911.9	947.1	972.0	913.1	948.8	948.0	970.0	910.0	910.0
5	原油比热容	J/(kg·℃)	2223	2223	2223	2223	2223	2223	2223	2223	2223	2223	2223	2223	2223	2333	2332
6	水比热容	J/(kg·℃)	4200	4200	4200	4200	4200	4200	4200	4200	4200	4200	4200	4200	4200	4200	4200
7	计转站燃料消耗量	m^3/d	1230.9	817.7	1728.8	962.8	909.3	2184.3	4344.8	6018.2	1968.1	1814.0	1559.3	1363.4	6626.5	5632.5	2888.2
8	集输耗电量	kW·h/d	487.5	17.0	1740.0	137.5	39.8	863.3	860.0	11879.9	1791.9	4468.3	1413.3	1207.0	1062.3	1917.8	4908.3

序号	项目名称或测试地点	单位	测算结果														
			B16 站	B17 站	B18 站	B19 站	B20 站	B21 站	B22 站	B23 站	B24 站	B25 站	B26 站	B27 站	B28 站	B29 站	B30 站
1	进站液量	m^3/d	1152.0	432.2	4074.0	1193.4	295.0	4103.0	1038.3	442.8	3287.5	6267.9	1428.3	1293.3	789.2	647.0	555.0
2	进站油量	m^3/d	806.4	328.4	1996.3	656.4	230.1	2981.5	965.3	376.3	3075.5	5544.2	1185.7	1210.6	670.8	582.3	522.1
3	含水率	%	30.0	24.0	51.0	45.0	22.0	27.3	7.0	15.0	6.5	11.5	17.0	6.4	15.0	10.0	5.9
4	原油密度	kg/m^3	910.0	910.0	910.0	910.0	910.0	910.0	910.0	910.0	910.0	910.0	910.0	910.0	970.0	910.0	910.0
5	原油比热容	J/(kg·℃)	2332	2332	2332	2332	2332	2332	2332	2332	2332	2332	2332	910	2333	2332	2332
6	水比热容	J/(kg·℃)	4200	4200	4200	4200	4200	4200	4200	4200	4200	4200	4200	4200	4200	4200	4200
7	计转站燃料消耗量	m^3/d	2332.0	2661.1	2441.2	1304.0	932.3	7374.8	3230.0	1981.9	2071.9	4010.2	3133.8	1486.7	1098.7	394.8	1161.3
8	集输耗电量	kW·h/d	4403.9	2888.3	2715.6	1993.8	270.5	3176.5	819.3	264.6	3620.6	6611.8	1643.3	1673.8	838.4	3932.6	1111.7

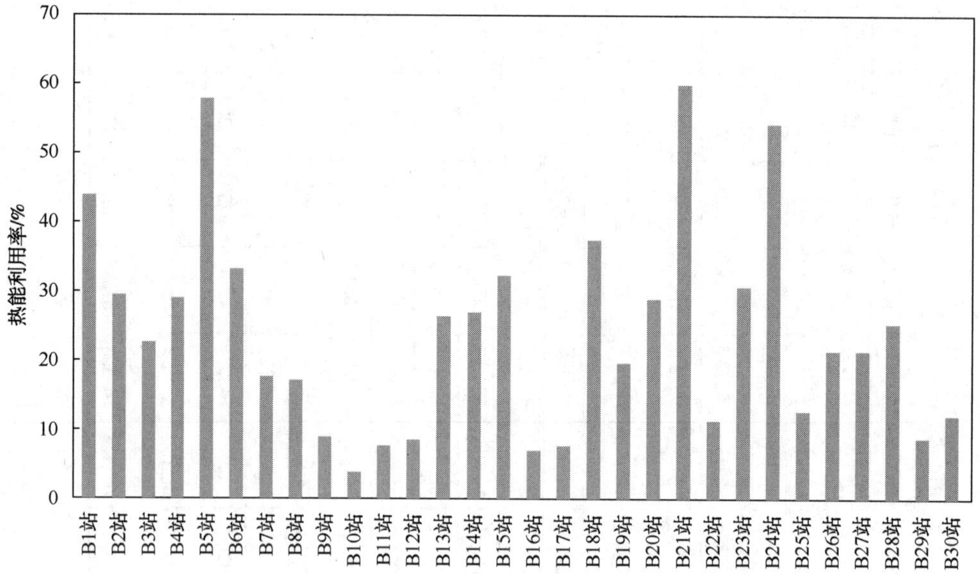

图 2-17　Y2 厂计转站电能利用率

通过 2-15~图 2-17 图可知，B2 计转站热耗占比最高为 99.3%，B29 计转站热耗占比最低为 55.1%，Y2 厂计转站热耗占比较高，热耗为 Y2 厂计转站主要耗能；B3 计转站热能利用率最高为 89.3%，B7 计转站热能利用率最低为 14.4%，B21 计转站电能利用率最高为 59.3%，B10 计转站电能利用率最低为 4.1%。

2.2.2.3　Y3 厂计转站能耗情况

Y3 厂计转站基础数据如表 2-4 所示，通过 Y3 厂计转站基础数据，计算得出各计转站热耗占比、热能利用率和电能利用率对比柱状图，如图 2-18~图 2-20 所示。

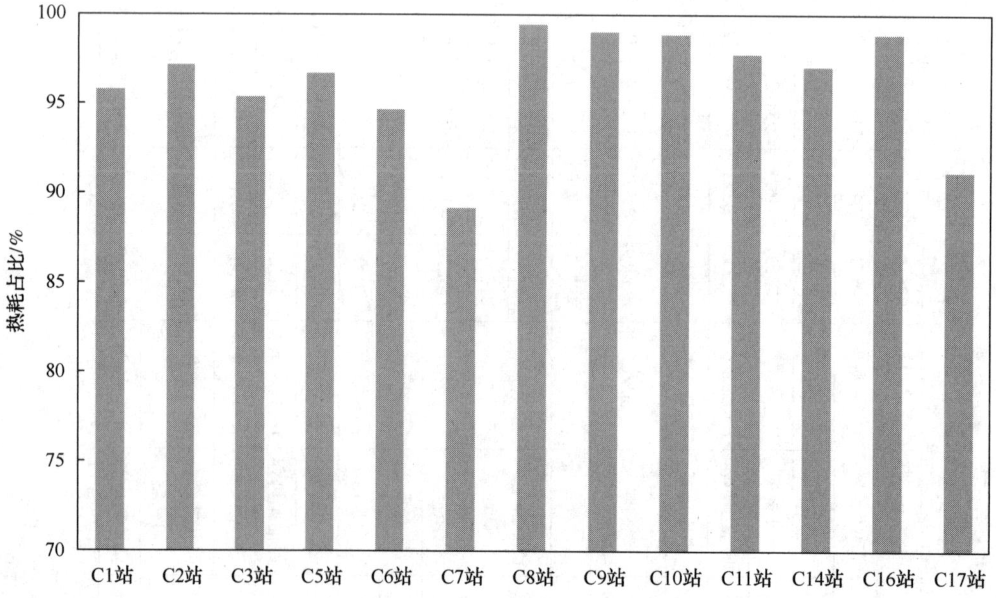

图 2-18　Y3 厂计转站热耗占比

表 2-4　Y3 厂计转站基础数据

序号	项目名称或测试地点	单位	测算结果																
			C1 站	C2 站	C3 站	C4 站	C5 站	C6 站	C7 站	C8 站	C9 站	C10 站	C11 站	C12 站	C13 站	C14 站	C15 站	C16 站	C17 站
1	进站液量	m^3/d	324.3	965.5	776.2	474.2	2583.3	963.3	249.1	1344.7	533.7	794.9	592.8	21.8	47.1	32.1	25.7	450.0	3216.1
2	进站油量	m^3/d	100.9	193.1	304.0	55.7	1255.1	481.7	102.4	845.8	394.1	461.5	379.1	7.4	12.1	14.8	4.0	405.0	1718.3
3	含水率	%	68.9	80.0	60.8	88.3	51.4	50.0	58.9	37.1	26.1	41.9	36.0	66.2	74.3	53.8	84.4	10.0	46.6
4	原油密度	kg/m^3	928.3	928.3	913.3	913.3	972.5	972.5	855.0	872.6	825.9	939.3	921.1	875.3	920.9	851.2	858.1	805.1	901.7
5	原油比热容	J/(kg·℃)	2100	2100	2100	2100	2100	2100	2100	2100	2100	2100	2100	2100	2100	2100	2100	2100	2100
6	水比热容	J/(kg·℃)	4200	4200	4200	4200	4200	4200	4200	4200	4200	4200	4200	4200	4200	4200	4200	4200	4200
7	计转站燃料消耗量	Nm^3/d	1572.4	4375.1	1597.8	848.2	4474.3	3104.5	529.9	9861.0	2042.7	5448.8	2316.9	146.3	169.9	172.8	90.7	1430.2	9588.7
8	集输耗电量	kW·h/d	679.2	1273.9	768.1	0	1552.0	1765.8	640.4	539.0	194.9	590.8	516.5	0	0	51.3	0	180.0	9250.0

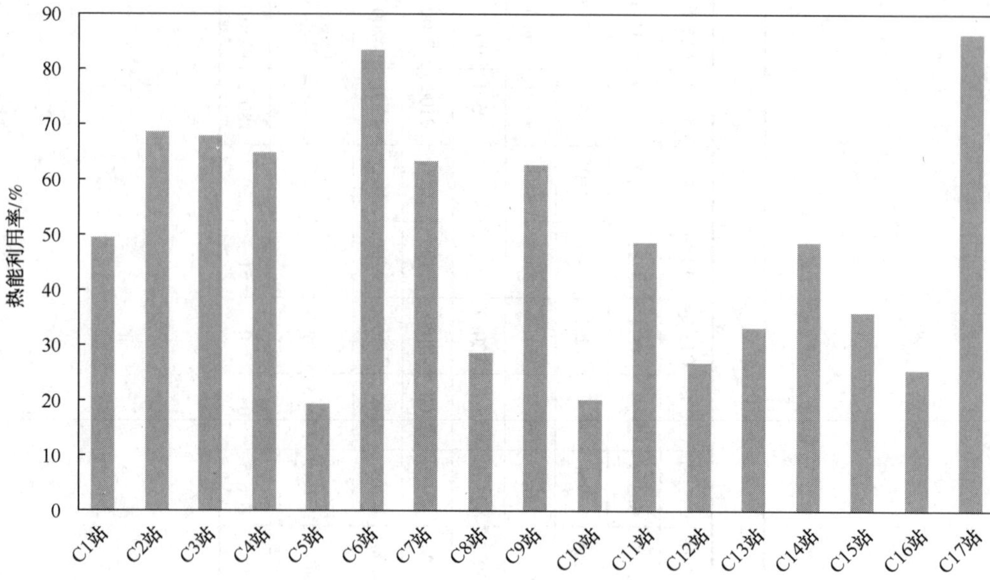

图 2-19 Y3 厂计转站热能利用率

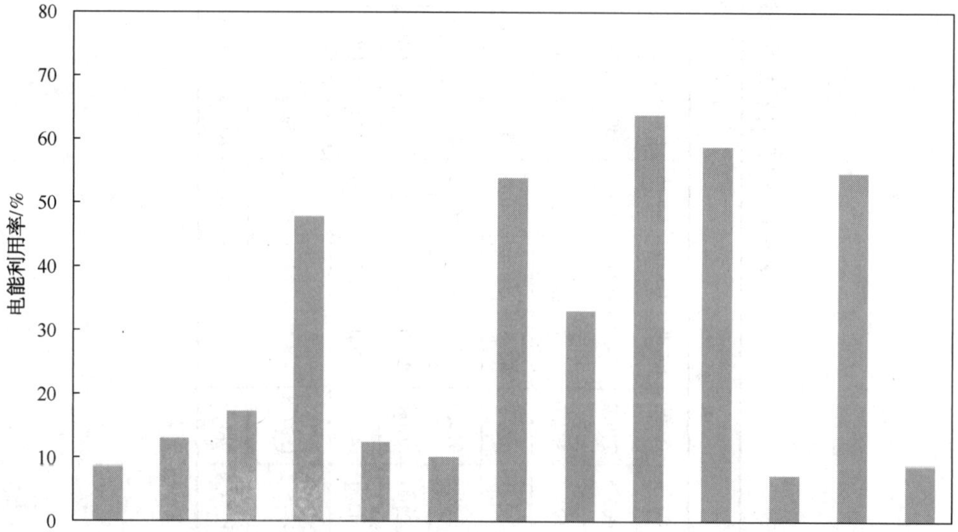

图 2-20 Y3 厂计转站电能利用率

通过图 2-18~图 2-20 可知，C8 计转站热耗占比最高为 99.5%，C7 计转站热耗占比最低为 89.2%，Y3 厂计转站热耗占比均大于 89%，热耗为 Y3 厂计转站主要耗能；C17 计转站热能利用率最高为 79.7%，C5 计转站热能利用率最低为 19.5%，C10 计转站电能利用率最高为 63.9%，C14 计转站电能利用率最低为 7.5%。

通过对计转站整体系统进行计算，计转站系统热能利用率为 43.9%，电能利用率为 22.2%，热耗占比为 94.9%，单位液量集输电耗为 0.98(kW·h)/t，单位液量集输气耗为 1.53m^3/t，单位液量综合能耗为 2.37kgce/t。通过计转站全年数据进行计算，得到各厂计转站全年热能利用率、电能利用率和能源利用率变化趋势，如图 2-21～图 2-23 所示。

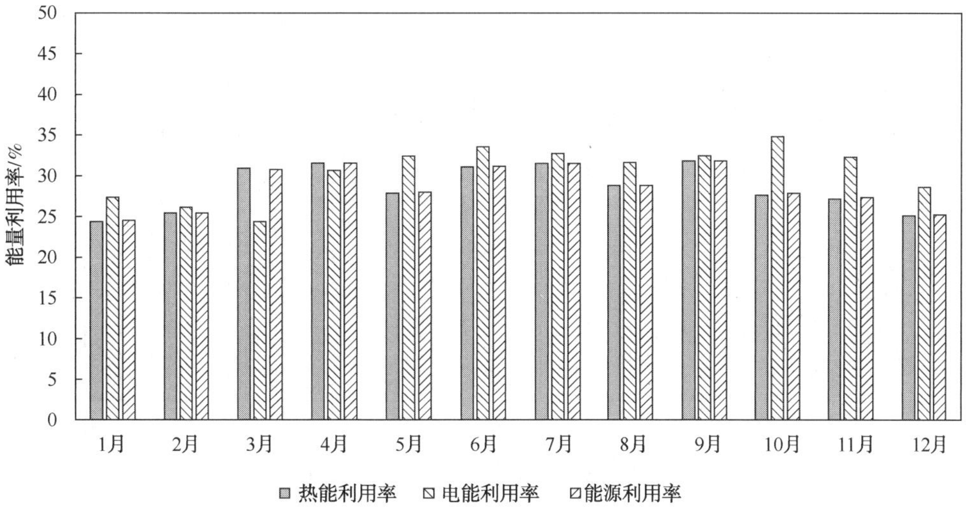

图 2-21　Y1 厂计转站能源利用率全年变化趋势图

Y1 厂计转站全年能源利用率介于 24%～32%之间，用能水平较弱，在 4 月～8 月，能源利用率相对较高，热能利用率与能源利用率全年变化趋势相同，全年电能利用率介于 24%～35%之间。

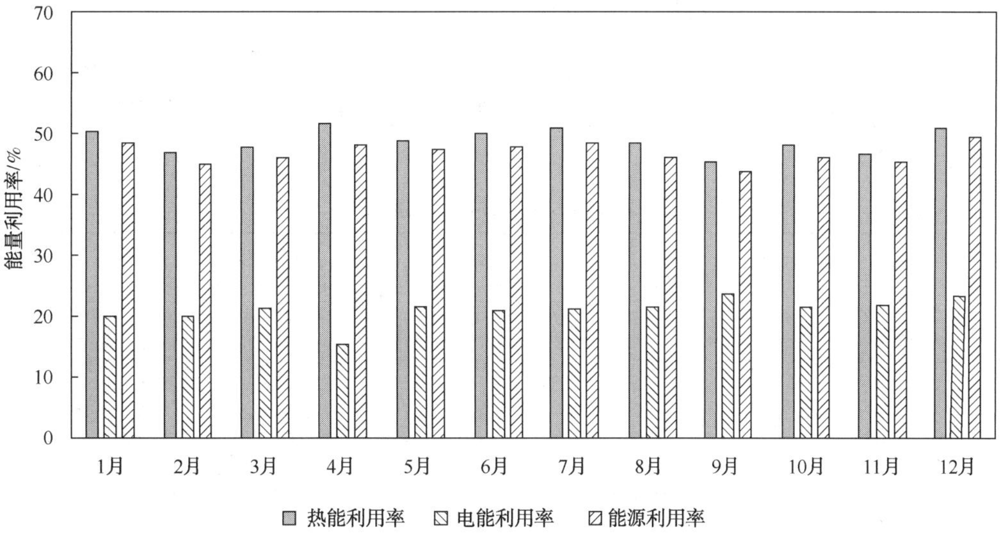

图 2-22　Y2 厂计转站能源利用率全年变化趋势图

Y2 厂计转站全年用能水平良好，全年能源利用率变化较为平稳；12 月能源利用率最高为 49.6%，9 月最低为 44.2%；从热能角度进行分析，4 月热能利用率最高为 51.7%，9 月最低为 45.6%；从电能角度进行分析，电能利用率处于较低水平，其中 9 月电能利用率最高为 24.1%，4 月最低为 15.6%。

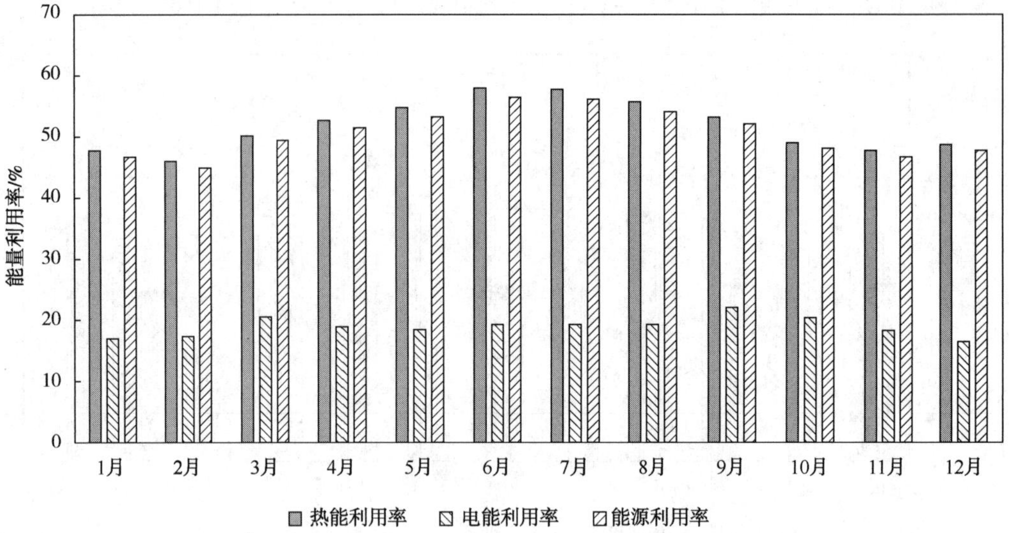

图 2-23　Y3 厂计转站能源利用率全年变化趋势图

Y3 厂计转站全年能源利用率介于 44%～57%之间，6 月能源利用率和热能利用率均最高，分别为 56.4%和 57.9%，9 月电能利用率最高为 22.0%，热能用能水平相对较高，能量损失较小。

2.2.3　集油井口子系统

根据油田现场实际生产情况，对 Y1 厂、Y2 厂和 Y3 厂集油井口现场实际参数进行测试，得到各厂集油井口进站液量、含水率、原油密度、燃料气消耗量等基础数据如表 2-5 所示。

表 2-5　集油井口基础数据

序号	项目名称或测试地点	单位	测算结果		
			Y1 集油井口系统	Y2 集油井口系统	Y3 集油井口系统
1	井口液量	t/d	5690.6	30401.1	5137.0
2	井口油量	t/d	2012.5	14423.4	2271.8
3	含水率	%	64.6	52.6	55.8
4	原油密度	kg/m^3	866.3	937.0	965.9
5	原油比热	J/(kg·℃)	2100.0	2100.0	2100.0
6	水比热	J/(kg·℃)	4200.0	4200.0	4200.0
7	集油井口燃料消耗量	Nm^3/d	18841.9	178411.0	19123.5

该原油集输系统井口仅存在井口加热炉对采出液进行加热，无电伴热，因此仅需计算热能利用率，通过各厂集油井口系统基础数据计算出热能利用率对比柱状图如图 2-24 所示。

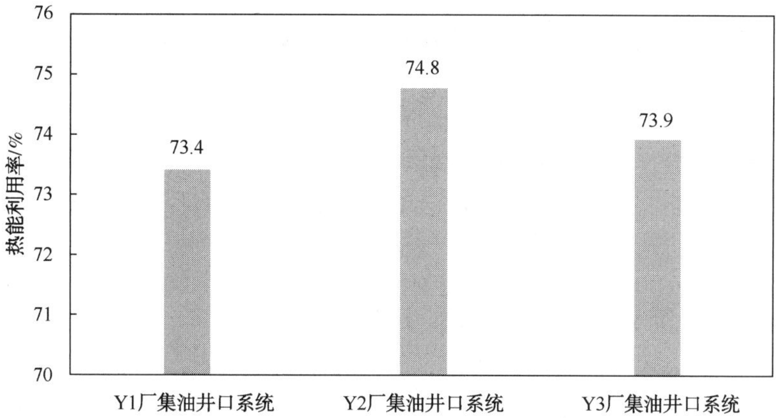

图 2-24　集油井口热能利用率

通过计算结果可知，Y1 厂、Y2 厂、Y3 厂集油井口系统热能利用率分别为 73.4%、74.8%和 73.9%，集油井口系统用能效率较高，能量损失较小。通过对集油井口整体系统进行计算，集油井口系统热能利用率为 74.6%，单位液量集输气耗为 5.22m^3/t，单位液量综合能耗为 5.70kgce/t。各厂集油井口系统全年热能利用率变化趋势如图 2-25 所示。

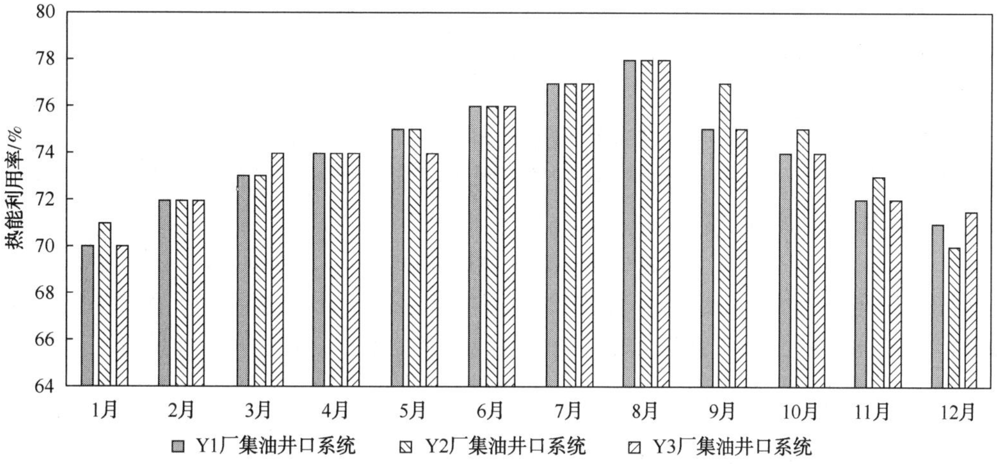

图 2-25　集油井口系统全年热能利用率变化趋势

三个厂集油井口系统热全年热能利用率呈现中间高，两边低的变化趋势，三个厂集油井口热能利用率在 8 月达到最高为 78%，1 月和 12 月热能利用率相对其他月份较低，能量损失较大。

通过对整体原油集输系统进行计算，该油田原油集输系统综合能量利用率为 57.3%，热能利用率为 58.3%，电能利用率为 25.5%，热耗占比为 97.0%，将该集输系统划分为联合站、计转站和集油井口三大子系统，其中计转站、联合站和集油井口三大子系统能耗占比分别为 39.7%、22.8%和 37.5%。

2.3 原油集输系统能效评价体系

基于集输系统能耗分布规律，将原油集输系统划分为计转站、联合站以及集油井口三大子系统，采用多层级分析法，以各子系统能耗占比为权重系数，构建可全面反映集输系统能效情况的用能指标体系，确定计转站、联合站、集油井口各子系统以及整体集输系统的能效系数。

2.3.1 多层级能效评价体系基本实施步骤

(1) 建立原油集输系统能效指标体系

根据评价的目标，将集输系统划分为4层，分别为G、M、C和D层，G层为集输系统综合能效系数，M层为联合站、井口和集油井口的能效系数，C层为联合站电能和热能利用率、井口的热能利用率以及计转站电能和热能利用率，D层为一号联合站到四号联电能和热能利用率、Y1厂到Y3厂集油井口的热能利用率以及Y1厂到Y3厂集油井口电能和热能利用率。

(2) 构造层次矩阵

通过上一步的层次划分，以各个层的能耗占比为权重系数，例如构造M层的层次矩阵，以M层的联合站、集油井口和计转站各子系统能耗占比(主要包括泵机组消耗的电能以及加热炉消耗的热能)为权重系数，得出M层的层次矩阵。

(3) 能效系数计算

依据所构建的体系，计算出联合站、井口和集油井口各子系统以及整体集输系统的能效系数，例如运用联合站、井口和集油井口各子系统的能量利用率与其各自的权重相乘并求和得出整体集输系统的能效系数。

需要指出的是，传统的层次分析法需要采用主观的1~9打分的标度方法进行构造体系判断矩阵，计算各层次指标权重；本书以能耗占比计算各层次指标权重，最终得出联合站、集油井口和集油井口各子系统以及整体集输系统的能效系数，更加客观地反应了集输系统的能耗水平。

2.3.2 多层级能效评价体系实施实例

结合现场调研情况构建某油田地面集输系统层次结构模型。依据GB/T 33653—2017《油田生产系统能耗测试和计算方法》及某油田地面集输能耗组成，筛选出符合生产实际的评价指标，在此基础上构建集输系统能效指标体系，在此能耗指标体系中从集输流程角度出发，评价能耗状况。

步骤一：构建能效指标体系。

建立油田原油集输系统能效指标体系如图2-26所示。

步骤二：构建指标体系层次矩阵。

以各子系统能耗占比进行权重计算，其权重计算如表2-6~表2-8所示。

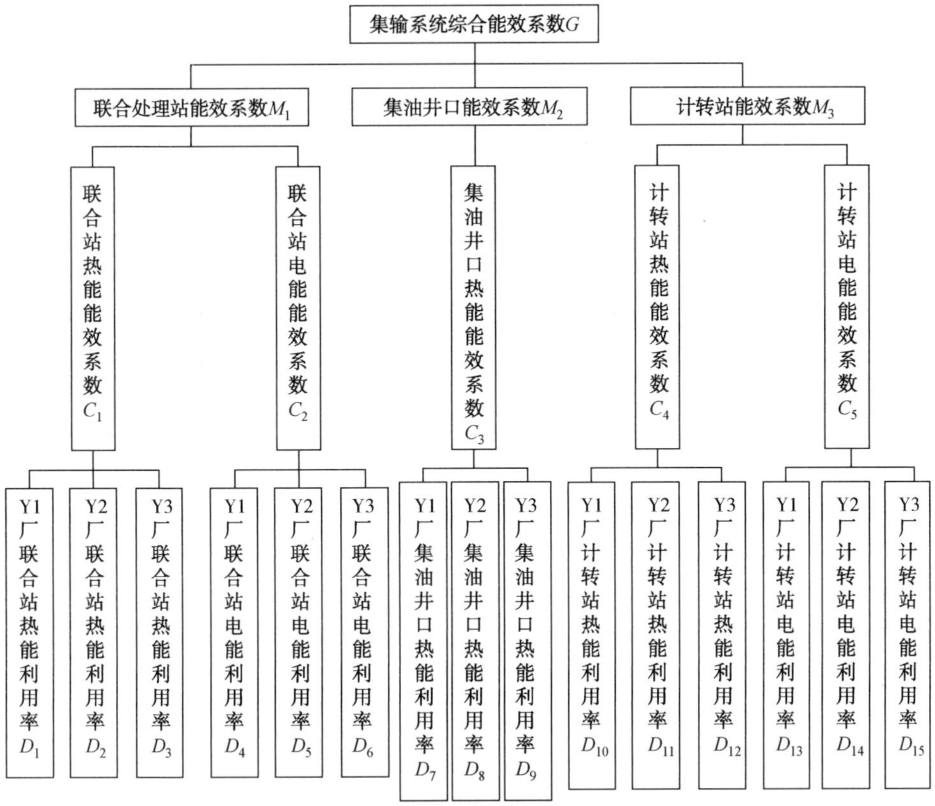

图 2-26　原油集输系统能效指标体系构建

表 2-6　权重计算表(G-M)

G-M 层权重计算			
M 层	M_1(联合站)	M_2(集油井口)	M_3(计转站)
M 层能耗/kJ	Q_1	Q_2	Q_3
M 层权重	w_1	w_2	w_3
M 层权重计算公式	$w_1=Q_1/(Q_1+Q_2+Q_3)$	$w_2=Q_2/(Q_1+Q_2+Q_3)$	$w_3=Q_3/(Q_1+Q_2+Q_3)$

表 2-7　权重计算表(M_1-C)

M_1-C 层权重计算		
C 层	C_1	C_2
C 层能耗/kJ	Q_4	Q_5
C 层权重	w_{11}	w_{12}
C 层权重计算公式	$w_{11}=Q_4/(Q_4+Q_5)$	$w_{12}=Q_5/(Q_4+Q_5)$

表 2-8　权重计算表(M_3-C)

M_3-C 层权重计算		
C 层	C_4	C_5
C 层能耗/kJ	Q_6	Q_7
C 层权重	w_{31}	w_{32}
C 层权重计算公式	$w_{31}=Q_6/(Q_6+Q_7)$	$w_{32}=Q_7/(Q_6+Q_7)$

Q_1~Q_7符号说明如表 2-9 所示。

表 2-9　符号说明

符号	意义	符号	意义
Q_1	联合站提供的总能耗/kJ(电能和热能)	Q_5	联合站提供的总热能/kJ
Q_2	集油井口提供的总能耗/kJ(电能和热能)	Q_6	计转站提供的总热能/kJ
Q_3	计转站提供的总能耗/kJ(电能和热能)	Q_7	计转站提供的总电能/kJ
Q_4	联合站提供的总电能/kJ		

根据所构建的指标体系，以各子系统能耗占比进行权重计算，构建出 9 组层次矩阵：

1）集输系统综合能效系数的层次矩阵：

$$G\text{-}M \text{ 矩阵 } W_1=(w_1,\ w_2,\ w_3)^T=(0.227,\ 0.375,\ 0.397)^T$$

2）联合处理站子系统能效系数的层次矩阵：

$$M_1\text{-}C \text{ 矩阵：} W_2=(w_{11},\ w_{12})^T=(0.957,\ 0.043)^T$$

3）集油井口子系统能效系数的层次矩阵：

$$M_2\text{-}C \text{ 矩阵：} W_3=(w_{21})^T=(1)^T$$

4）计转站子系统能效系数的层次矩阵：

$$M_3\text{-}C \text{ 矩阵：} W_4=(w_{31},\ w_{32})^T=(0.949,\ 0.051)^T$$

5）联合站子系统热能能效系数的层次矩阵：

$$C_1\text{-}D \text{ 矩阵：} W_5=(w_{111},\ w_{112},\ w_{113})^T=(0.227,\ 0.538,\ 0.235)^T$$

6）联合站子系统电能能效系数的层次矩阵：

$$C_2\text{-}D \text{ 矩阵：} W_6=(w_{121},\ w_{122},\ w_{123})^T=(0.121,\ 0.572,\ 0.307)^T$$

7）集油井口子系统热能能效系数的层次矩阵：

$$C_3\text{-}D \text{ 矩阵：} W_7=(w_{211},\ w_{212},\ w_{213})^T=(0.086,\ 0.815,\ 0.099)^T$$

8）计转站子系统热能能效系数的层次矩阵：

$$C_4\text{-}D \text{ 矩阵：} W_8=(w_{311},\ w_{312},\ w_{313})^T=(0.274,\ 0.479,\ 0.247)^T$$

9）计转站子系统电能能效系数的层次矩阵：

$$C_5\text{-}D \text{ 矩阵：} W_9=(w_{321},\ w_{322},\ w_{323})^T=(0.161,\ 0.665,\ 0.174)^T$$

通过图 2-27 可知，联合站、集油井口和集油井口三大子系统中，计转站子系统能耗占比最高为 39.7%，联合站系统和集油井口系统占比分别为 22.7%和 37.5%。在各个子系统内部能耗结构中，联合站系统热能能耗占比为 95.7%；计转站系统热能能耗占比为 94.9%；集油井口系统主要能耗为井口加热炉产生的热耗，通过上述计转站、联合站以及集油井口三大子系统的内部能耗分布规律可知，该原油集输系统整体耗能主要集中在热能，通过计算得出，原油集输系统耗热占比为 97. 0%。

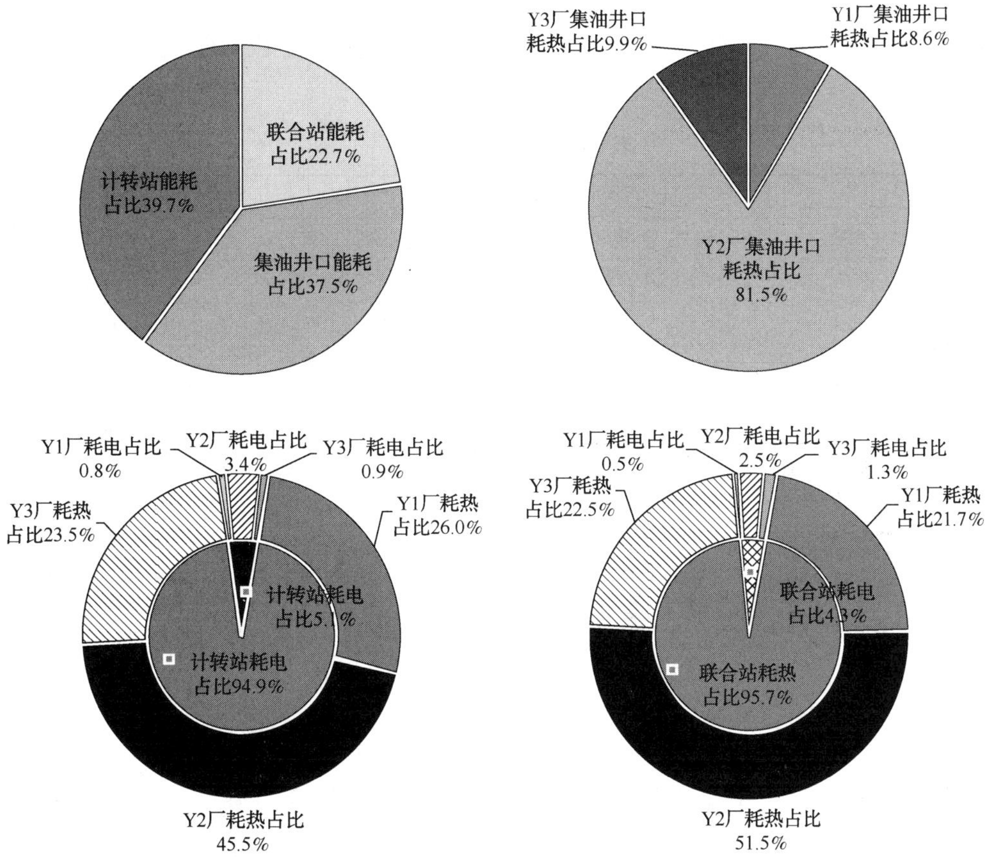

图 2-27 耗能子系统权重分布情况

步骤三：计算能效系数。

通过对 C 层各系统热能、电能利用率计算，其结果如表 2-10 所示。

表 2-10 能量利用率计算结果

	Y1 厂	Y2 厂	Y3 厂
集油井口系统热能利用率	73. 4%	74. 8%	73. 9%
计转站系统热能利用率	28. 2%	49. 0%	51. 4%
计转站系统电能利用率	30. 2%	21. 1%	18. 8%
联合站系统热能利用率	39. 9%	57. 1%	64. 6%
联合站系统电能利用率	27. 2%	42. 2%	16. 0%

Y1 厂、Y2 厂和 Y3 厂集油井口系统热能利用率、Y3 厂联合站热能利用率和 Y2 厂联合站系统热能利用率较高，分别为 73. 4%、74. 8%、73. 9%、64. 6%和 57. 1%，表示其热能的用能情况较好；Y3 厂计转站系统和联合站系统电能利用率较低，分别为 18. 8%和 16. 0%，表示其电能用能情况较差，各厂的计转站、联合站和集油井口中含有大量的加热炉和泵设

备，对其全部的老旧设备进行改造时费用较高，因此需要从原油集输系统整体耗能进行考虑，确定各个子系统利用率以及集输系统综合利用率，进一步对原油集输系统的用能情况进行分析评价。

依据构建的指标体系，计算联合站、集油井口和集油井口各子系统以及整体集输系统的能效系数，其计算方法如表 2-11 所示。

表 2-11　能效系数计算表

类　型	能效系数	类　型	能效系数
集输系统能效系数	$G=w_1M_1+w_2M_2+w_3M_3$	联合站电能能效系数	$C_2=w_{121}D_4+w_{122}D_5+w_{123}D_6$
联合站能效系数	$M_1=w_{11}C_1+w_{12}C_2$	集油井口热能能效系数	$C_3=w_{211}D_7+w_{212}D_8+w_{213}D_9$
集油井口能效系数	$M_2=w_{21}C_3$	集油井口热能能效系数	$C_4=w_{311}D_{10}+w_{312}D_{11}+w_{313}D_{12}$
集油井口能效系数	$M_3=w_{31}C_4+w_{32}C_5$	联合站电能能效系数	$C_5=w_{321}D_{13}+w_{322}D_{14}+w_{323}D_{15}$
联合站热能能效系数	$C_1=w_{111}D_1+w_{112}D_2+w_{113}D_3$		

通过能效系数计算公式，得出了全年各月能效系数，其计算结果如表 2-12 和表 2-13 所示。

表 2-12　C 层能效系数计算结果

月份	联合站热能能效系数 C_1	联合站电能能效系数 C_2	集油井口热能能效系数 C_3	计转站热能能效系数 C_4	计转站电能能效系数 C_5
1 月	0.519	0.282	0.708	0.421	0.209
2 月	0.503	0.287	0.720	0.405	0.206
3 月	0.531	0.304	0.731	0.439	0.218
4 月	0.604	0.316	0.740	0.465	0.181
5 月	0.548	0.311	0.748	0.447	0.229
6 月	0.547	0.313	0.760	0.472	0.227
7 月	0.573	0.350	0.770	0.475	0.229
8 月	0.571	0.338	0.780	0.453	0.227
9 月	0.533	0.347	0.767	0.440	0.250
10 月	0.571	0.344	0.749	0.427	0.238
11 月	0.535	0.333	0.728	0.416	0.230
12 月	0.576	0.362	0.703	0.427	0.231
全年平均	0.550	0.323	0.746	0.439	0.222

表 2-13　M 层和 G 层能效系数计算结果

月份	联合站系统能效系数 M_1	集油井口系统能效系数 M_2	计转站系统能效系数 M_3	集输系统综合能效系数 G
1 月	0.509	0.708	0.411	0.532
2 月	0.494	0.720	0.396	0.496
3 月	0.521	0.731	0.428	0.542
4 月	0.591	0.740	0.448	0.567

续表

月份	联合站系统能效系数 M_1	集油井口系统能效系数 M_2	计转站系统能效系数 M_3	集输系统综合能效系数 G
5 月	0. 538	0. 748	0. 436	0. 557
6 月	0. 537	0. 760	0. 459	0. 608
7 月	0. 563	0. 770	0. 461	0. 622
8 月	0. 560	0. 780	0. 440	0. 620
9 月	0. 525	0. 767	0. 430	0. 598
10 月	0. 562	0. 749	0. 418	0. 592
11 月	0. 527	0. 728	0. 407	0. 573
12 月	0. 567	0. 703	0. 418	0. 546
全年平均	0. 540	0. 746	0. 428	0. 573

通过能效系数计算结果得出计转站、联合站、集油井口各子系统能效系数趋势如图 2-28~图 2-31 所示。

图 2-28 为计算出的联合站热能能效系数和电能能效系数，热能能效系数显著高于电能能效系数，热能单元用能情况较好，联合站热能和电能能效系数全年变化趋势比较平缓，联合站热能能效系数 4 月最高为 0. 604，2 月最低为 0. 503，电能能效系数 12 月最高为 0. 326，1 月最低为 0. 282。

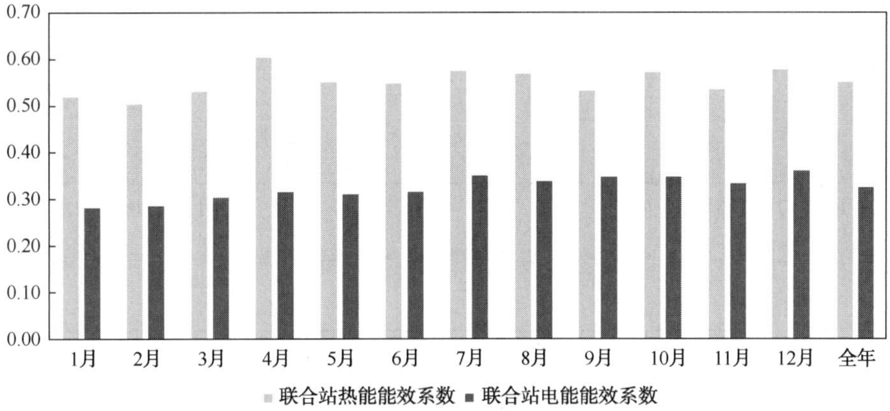

图 2-28　联合站系统热电能效系数

图 2-29 为计算出的计转站热能能效系数和电能能效系数，通过对热能单元和电能单元进行分析，热能能效系数大于电能能效系数，计转站热能能效系数 7 月最高为 0. 475，电能能效系数 9 月最高为 0. 250。

图 2-30 为计算出的集油井口系统热能能效系数，集油井口系统热能能效系数全年变化趋势比较平缓，集油井口系统热能能效系数 8 月份最高为 0. 780，12 月份最低为 0. 703。

根据图 2-31 能效系数计算结果可知，原油集输系统整体能效系数呈现中间高、两边低的趋势，在 7 月原油集输系统综合能效系数最高为 0. 622，而在 1 月、2 月、3 月和 12 月能效系数明显降低，分别为 0. 532、0. 496、0. 542 和 0. 546，以上综合能效系数较低的主要原因是环境温度较低、原油集输系统中各设备热能损失较大。

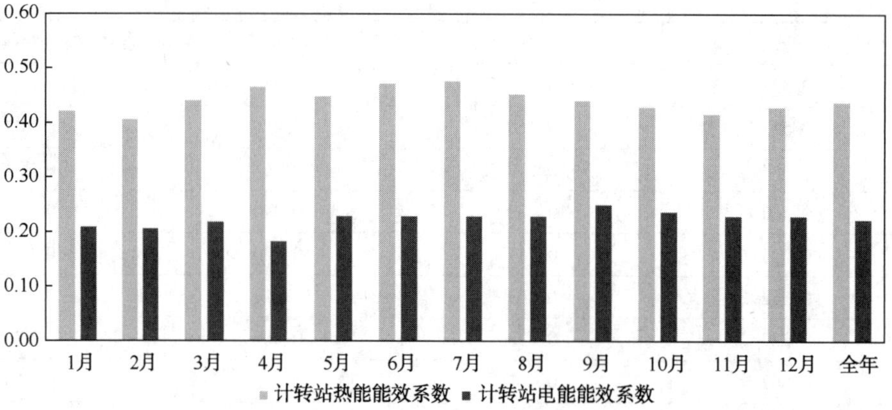

图 2-29　计转站系统热电能效系数

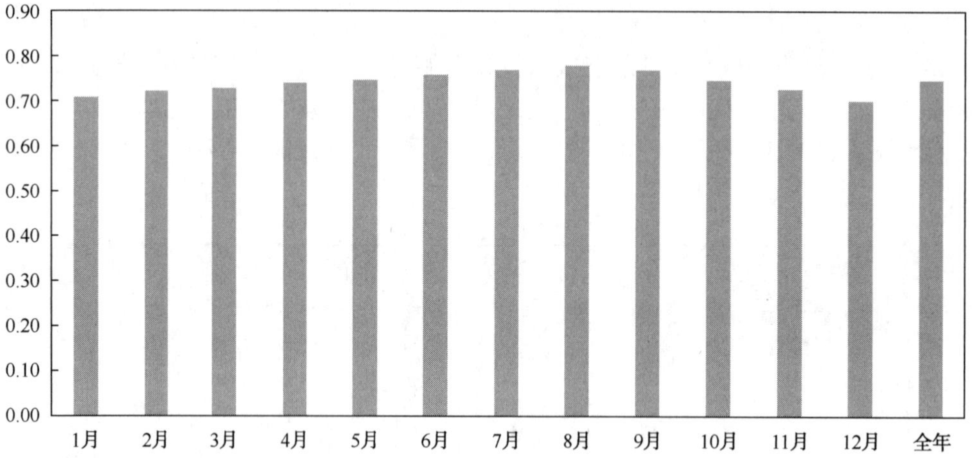

图 2-30　集油井口系统热能能效系数

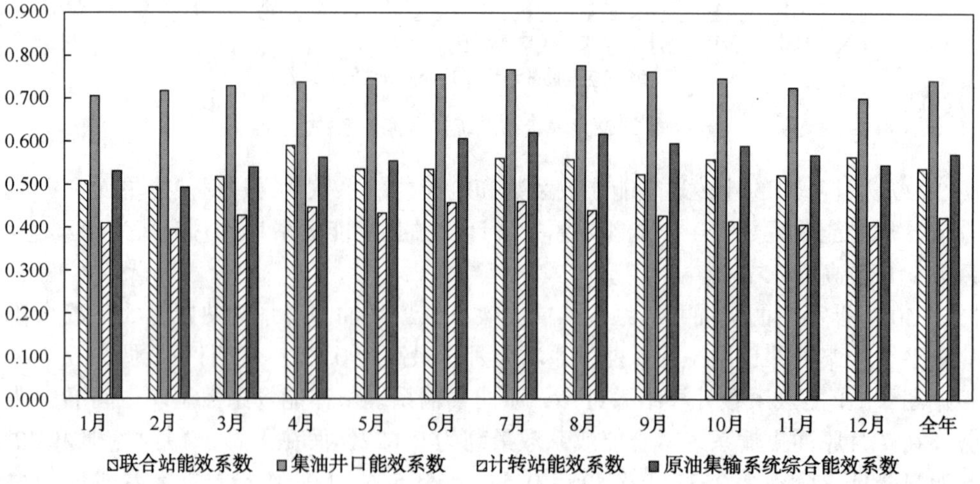

图 2-31　原油集输系统全年综合能效系数变化趋势

通过采用的多层级分析方法，对各个子系统全年总能效系数进行分析，得到 M 层中计转站系统能效系数(M_3)较低为 0.428，需要进一步对计转站系统中的热能和电能的用能情况进行分析，得到计转站热能和电能能效系数分别为 0.439 和 0.222，因此计转站电能能效系数相对较低，再结合计算出 D 层中 Y1～Y3 厂计转站电能利用率分别为 30.2%、21.1%和 18.8%，得到 Y3 厂电能利用率较低为最薄弱环节。因此只需要找出 Y3 厂中电能利用率最低的计转站，对该计转站内部泵进行改进，提高原油集输系统整体能效水平。

2.4 原油集输系统用能薄弱环节识别

随着各油田进入“高采出、高含水”的“双高”阶段，油田生产成本日益增加，节能降耗愈发重要。原油集输系统是油田生产的主要环节，其能耗巨大，因此有必要对现有的原油集输系统进行用能分析，识别原油集输系统用能薄弱环节，对其进行节能改造，以提高原油集输系统用能效率，降低油田生产成本。

通过原油集输系统评价体系建立已经得出 Y3 厂计转站泵为薄弱环节，需要对 Y3 厂站内泵进行改进。为了更全面的判断油田原油集输系统薄弱环节，根据集输系统的能效指标体系对 Y1 厂、Y2 厂和 Y3 厂进行全面分析，根据各个站场实际能效水平提出站场更换设备及改造方案。

2.4.1 原油集输系统站场用能达标情况

根据 GB/T 31453—2015《油田生产系统节能监测规范》，得出燃气加热炉能耗监测项目与指标和输油泵机组能耗监测项目与指标要求分别为：加热炉热效率大于 62%，泵机组限定值大于 30%，达到以上标准为合格。Y1～Y3 厂计转站达标情况如图 2-32～图 2-34 所示。

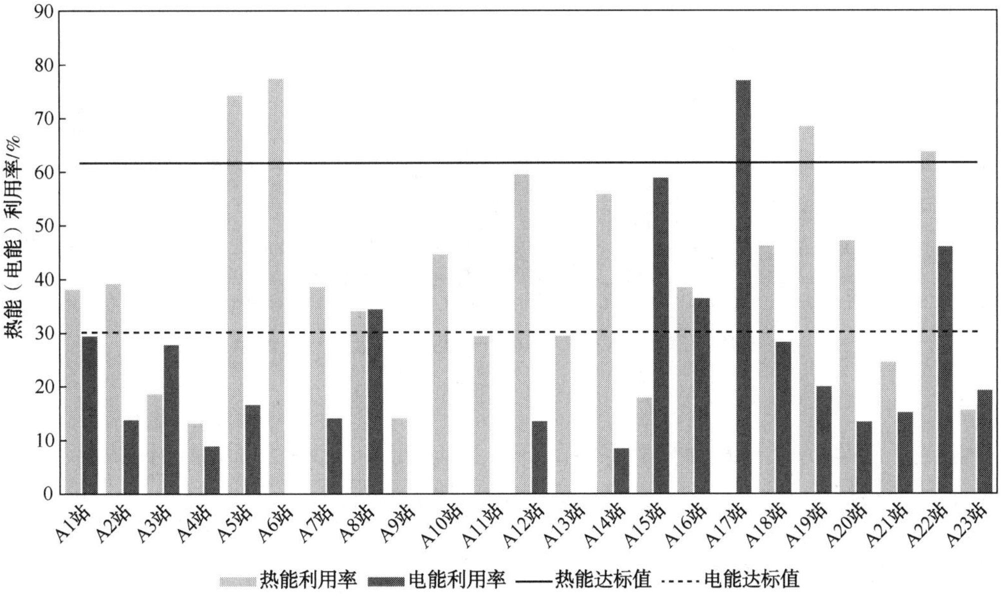

图 2-32　Y1 厂达标情况示意图

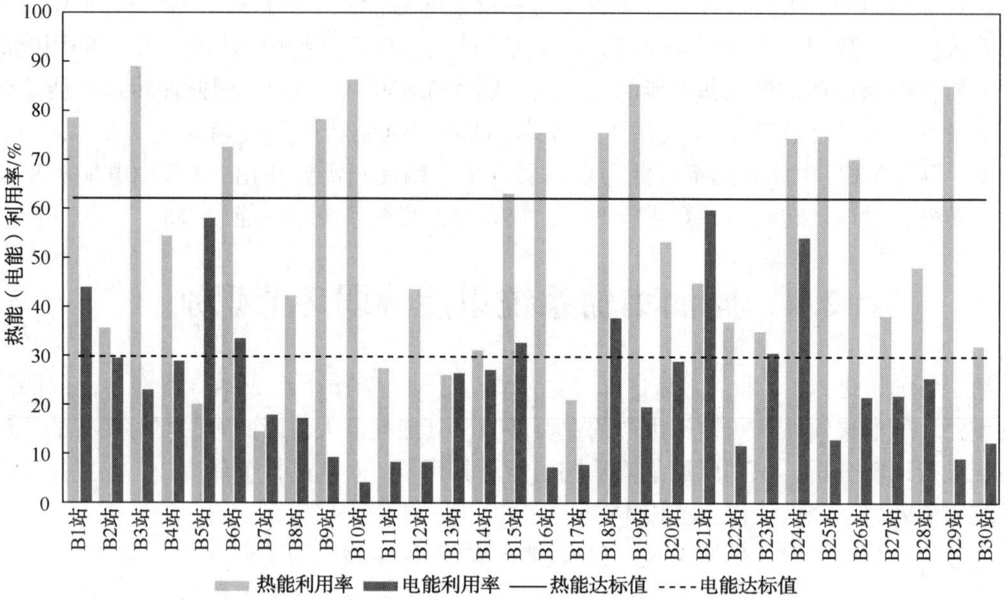

图 2-33　Y2 厂达标情况示意图

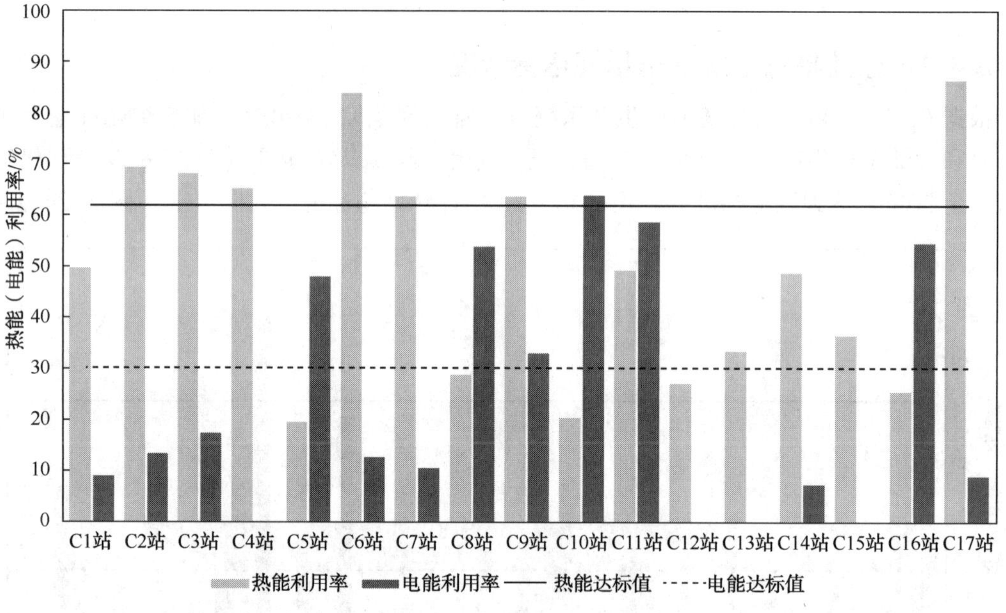

图 2-34　Y3 厂达标情况示意图

得出三个厂共 70 个计转站，含有泵的计转站为 61 个，含有加热炉的计转站为 69 个，其中电能站场达标率为 32.8%、热能站场达标率为 34.8%。

2.4.2　联合站子系统薄弱环节识别

原油集输系统 Y1～Y3 厂共有四个联合站，通过对四个联合站电能利用率和热能利用率计算如图 2-35 所示。

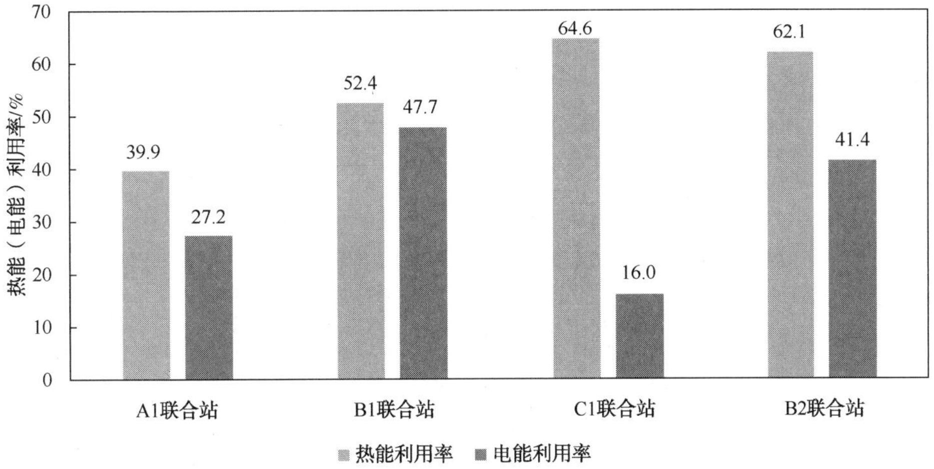

图 2-35　联合站电能和热能利用率分布图

通过上图对比分析，A1 联合站热能利用率为 39.9%，低于其他联合站热能利用率，C1 联合站电能利用率为 16.0%，低于其他联合站电能利用率，因此薄弱环节为 A1 联合站热能单元和 C1 联合站电能单元，需要对 A1 联合站和 C1 联合站进行节能改造。

2.4.3　计转站子系统薄弱环节识别

根据计算出的三个厂计转站热能和电能利用率，找出热能和电能利用率后 10% 的计转站，其中结果如图 2-36 和图 2-37 所示。

三个厂共 70 个计转站，热能薄弱环节计转站为 A3 计转站、A4 计转站、A15 计转站、A23 计转站、B7 计转站和 C5 计转站，电能薄弱环节计转站为 B10 计转站、B11 计转站、B12 计转站、B16 计转站、B17 计转站和 C14 计转站。

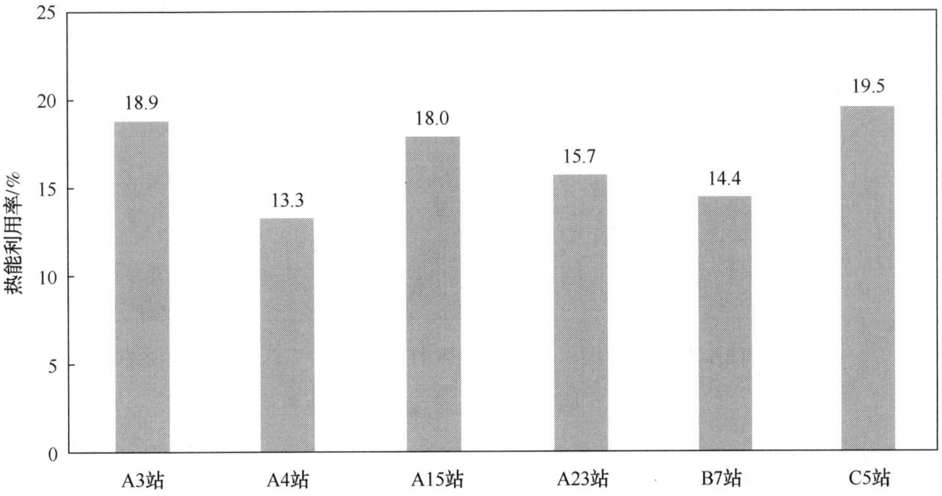

图 2-36　三个厂中热能利用率在后 10% 的计转站

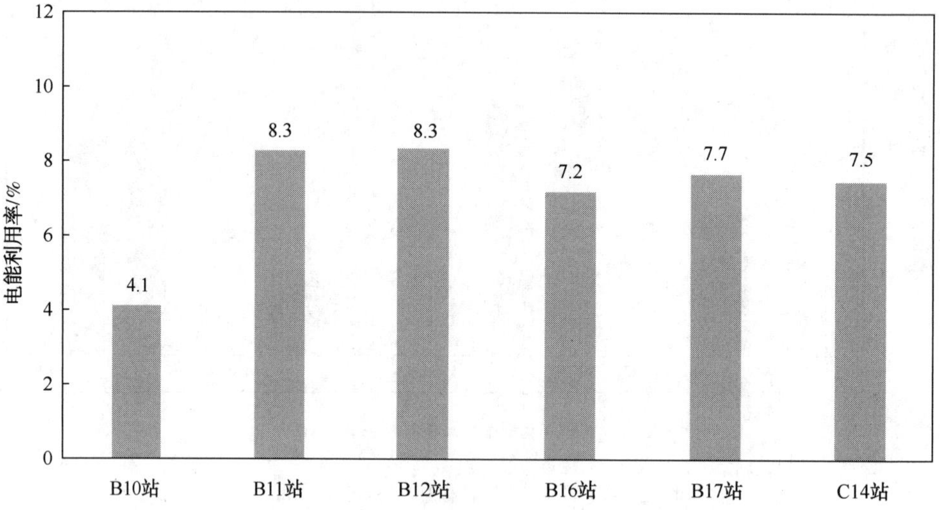

图 2-37　三个厂中电能利用率在后 10%的计转站

2.4.4　集油井口子系统薄弱环节识别

集油井口系统分布包括 Y1 厂 194 台含有井口加热炉的油井，Y2 厂 609 台含有井口加热炉的油井，Y3 厂 167 台含有井口加热炉的油井。以厂为单位进行整体薄弱环节识别，Y1～Y3 厂集油井口系统热能利用率分布如图 2-38 所示。

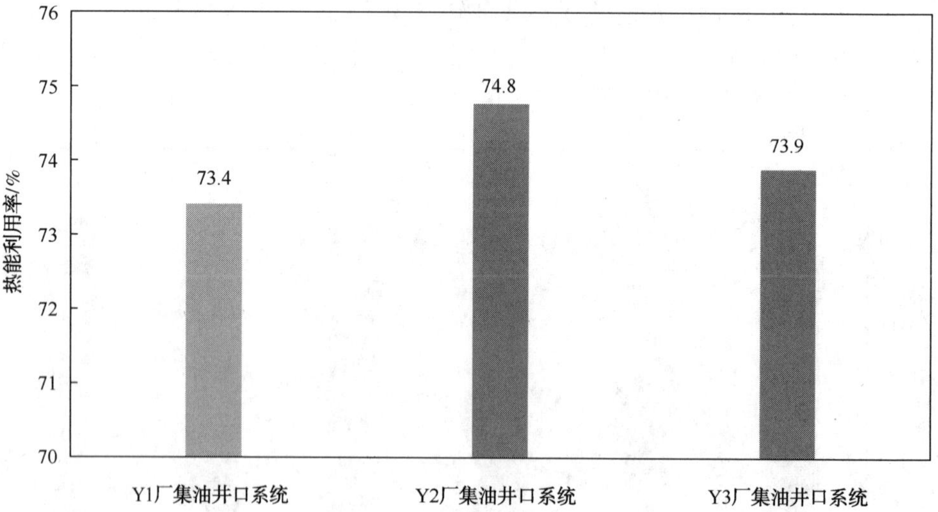

图 2-38　集油井口系统热能利用率分布图

通过图 2-38 可知，三个厂集油井口系统热能利用率均在 73%以上，用能情况良好，Y1 厂集油井口系统热能利用率相对较低，为井口用能薄弱环节。

2.5 本章小结

本章对原油集输系统进行分析，划分为热能单元和电能单元，建立原油集输系统能量平衡模型，其中热能单元主要耗能设备为加热炉，电能单元主要耗能设备为泵，以本书讨论油田原油集输系统为例，研究原油集输系统中联合站子系统、计转站子系统以及集油井口子系统能耗分布规律，并采用多层级分析法构建可全面反映集输系统能效情况的用能指标体系，确定集油井口、联合站、集油井口各子系统以及整体集输系统的能效系数，识别用能薄弱环节，以提高原油集输系统用能效率，降低油田生产成本。

3 油田加热炉能效评价及提效技术

油田加热炉是油气生产的主要热力设备，是地面集输、处理与输送等环节中必不可少的重要生产设施之一。油井井口加热、掺水、热洗，原油集输、脱水，联合站原油稳定、净化油外输等过程都离不开加热炉的热力保障。随着油气田勘探开发面积的增大、开发难度的增加，油田用加热炉的数量越来越多。在油田生产中加热炉消耗燃料量约占油田燃料总消耗量的80%，能耗最高。目前，油田加热炉主要存在设备老化、小型加热炉较多、负荷率低、炉效偏低、燃烧不充分、炉内腐蚀结垢等问题。研究油田用加热炉技术和发展对安全生产、节能和提高生产效率有着重要的意义。本章主要确定了油田加热炉评价指标，分析了油田加热炉能效影响因素，针对油田加热炉目前存在问题提出了相应的加热炉提效技术。

3.1 油田加热炉分类及工作原理

3.1.1 油田加热炉分类

根据加热炉基本结构型式，可以分为管式加热炉和火筒式加热炉。其中，管式加热炉包括立式圆筒形管式加热炉和卧式圆筒形管式加热炉，火筒式加热炉包括火筒式直接加热炉和火筒式间接加热炉。

管式加热炉是一种被加热介质直接受热式加热设备，主要用于加热液体或气体，所用燃料通常有燃料油和燃料气，它主要由辐射室、对流室、燃烧器和通风系统构成，传热方式以辐射传热和对流换热为主。

水套加热炉是最为常见的火筒式加热炉。随着技术的不断进步，火筒式加热炉又衍生出真空相变加热炉。火筒式加热炉主要以对流换热为主，其基本结构是卧式内燃两回程的火筒烟管结构形式，火筒布置在壳体的中部空间，火筒与烟管形成U形结构。对于大负荷的加热炉，一般可采用几根烟管组成的火筒。火筒式加热炉宜采用U形火筒，该火筒应有可靠的固定装置，以保证火筒不产生非轴向位移，且不得限制火筒的自由膨胀。当火筒式加热炉采用几组火筒时，每组火筒宜有独立的燃烧系统和烟囱。

3.1.2 油田加热炉工作原理

3.1.2.1 管式加热炉

(1) 结构

管式加热炉主要包括炉管、炉管连接件及支承件、钢结构、炉衬、余热回收系统、燃烧器、吹灰器、烟囱、烟囱挡板、各种蝶阀、门类(看火门、人孔门、防爆门、清扫孔门和装卸孔门等）和仪表接管（热电偶套管、测压管、灭火蒸汽管、氧分析仪接管和烟气采样口接管等）。其种类较多，目前在油田广泛应用的一种型式是卧式圆筒形管式加热炉（见图 3-1）。

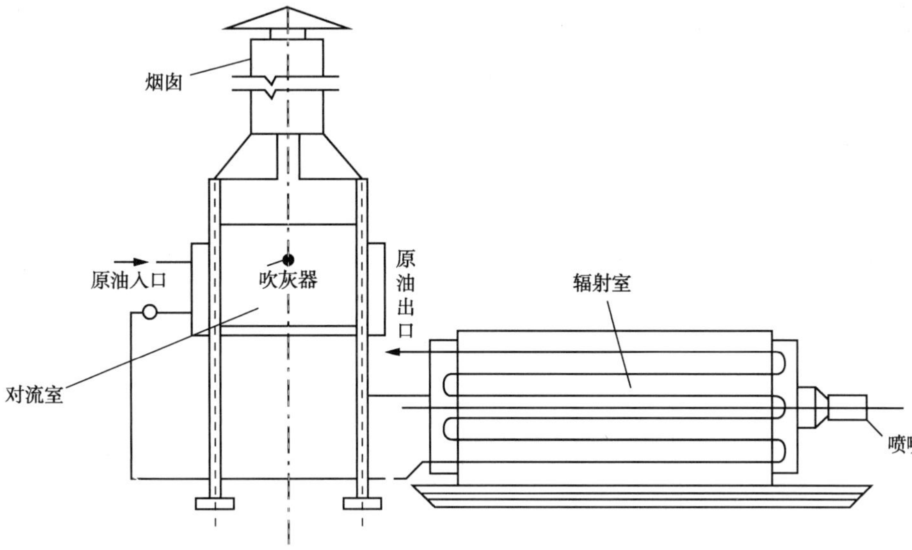

图 3-1　卧式圆筒形管式加热炉结构示意图

（2）工作原理

液体（气体）燃料通过燃烧器在加热炉辐射室（炉膛）中燃烧，产生高温火焰和烟气，以辐射传热的形式将热量传给辐射炉管，使炉管内介质温度升高，烟气温度下降，然后烟气经过辐射室烟道进入对流室，以较高的速度掠过对流管束，将热量传给炉内介质，最后烟气经过烟囱排入大气。

以原油被加热过程为例，被加热的原油首先进入加热炉对流室炉管，原油温度一般为 35~50℃。炉管主要以对流方式从流过对流室的烟气（600~750℃）中获得热量，这些热量又以传热方式由炉管外表面传导到炉管内表面，又以对流方式传递给管内流动的原油。

原油由对流室炉管进入辐射室炉管，在辐射室内，燃烧器喷出的火焰主要以辐射方式将一部分热量辐射到炉管外表面，另一部分热量辐射到敷设炉管的炉墙上，炉墙再次以辐射方式将热辐射到背火面一侧的炉管外表面上。这两部分辐射热共同作用，使炉管外表面升温并与管壁内表面形成了温差，热以传导方式流向管内壁，管内流动的原油又以对流方式不断从管内壁获得热量，实现了加热原油的工艺要求。

管式加热炉加热能力的大小取决于火焰的强弱程度（炉膛温度）、炉管表面积和总传热系数的大小。火焰愈强，则炉膛温度愈高，炉膛与油流之间的温差越大，辐射传热量越大；火焰与烟气接触的炉管面积越大，则对流传热量越多；炉管的导热性能越好、炉膛结构越合理，传热量也越多。

火焰的强弱可用控制火嘴的方法调节，但对一定结构的炉子来说，在正常操作条件下炉膛温度达到某一值后就不再上升。炉管表面的总传热系数对一台炉子来说是一定的，所以，每台炉子的加热能力有一定的范围。在实际使用中，火焰燃烧不好和炉管结焦等都会影响加热炉的加热能力，所以要注意控制燃烧器使之完全燃烧，防止局部炉管温度过高而结焦。

3.1.2.2 水套加热炉

(1) 结构

水套加热炉主要由火管、烟管和受热盘管构成。这种加热炉壳体内的介质是清水，盘管内的介质通常是含水较少的原油。该炉型主要通过烟管和火管内的烟气对水进行加热，然后热水对盘管内的介质进行水浴加热，提升盘管内介质的温度，通常盘管内的介质压力较高，以便外输。卧式内燃两回程的火筒烟管结构是水套炉基本的结构形式，火筒布置在壳体的下部空间，烟管布置在火筒的另一侧，火筒与烟管形成U形结构；加热盘管布置在壳体的上部空间；燃烧器和烟囱一般布置在水套炉的前部。火筒式水套加热炉主要由壳体、加热盘管、火筒、烟囱、燃烧器及其他附件(如安全阀、压力表、液位计、防爆门等)组成(见图3-2)。

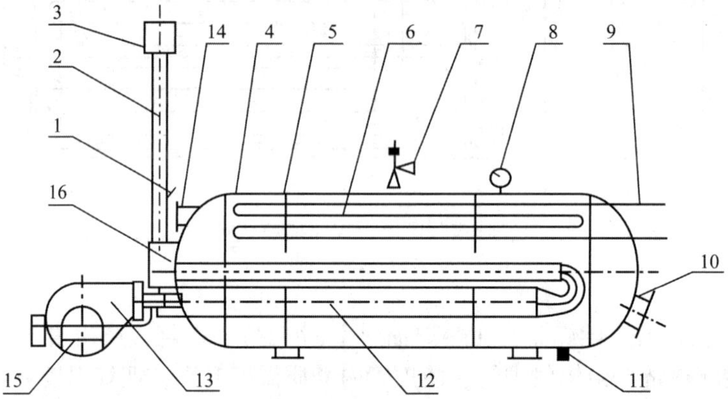

图 3-2 水套加热炉结构示意图

1—烟气取样口；2—烟囱；3—烟囱附件；4—壳体；5—花板；6—加热盘管；7—安全阀；8—压力表；9—测温口；10—检查口；11—排污口；12—火筒；13—燃烧器；14—液位计；15—阻火器；16—防爆门

(2) 工作原理

正常运行时，水套内的水占水套容器的1/2~2/3，在水套内的下部平卧着U形火管，加热盘管浸入水中，水套的侧壁上下设有水循环的进出口，水套底部还有排污口。火管一端安装燃烧器，另一端和烟囱相连。燃料在火筒中燃烧后，产生的热能以辐射、对流等传热形式将热量传给水套中的水，使水的温度升高，并部分汽化，水及其蒸汽再将热量传递给加热盘管中的原油，使油获得热量，温度升高，加热后的原油从水套的侧上部出口流出，输送至处理站，冷油(或介质)从水套下部的进口进入水套内被重新加热，这样如此循环往复实现加温的目的。

3.1.2.3 相变加热炉

(1) 结构

相变加热炉属于微负压或常压容器，通过加热中间介质水产生水蒸气，水蒸气再加热受热盘管，水蒸气被受热盘管吸收热量后冷凝为水，如此反复循环达到加热目的。因此这种加热炉也被称为蒸汽换热加热炉。相变加热炉可以实现集油加热、掺水、采暖加热多功能，具有效率高、炉体小、钢耗低等优点，有较好的经济效益和社会效益。相变加热炉是油田油气集输的新型炉型。根据燃料不同，相变炉可分为燃煤相变炉和燃油(气)相变炉；根据筒体压力不同，相变炉又可分为真空相变炉、微压相变炉和压力相变炉，真空相变炉又称负压相变炉，简称真空炉；根据换热盘管结构的不同，相变加热炉可分为一体式相变加热炉和分体式相变加热炉。相变加热炉本体为两回程式背式结构，主要由燃烧器、油或水盘管、燃烧室、锅筒、烟管、烟箱、热载体等组成(见图 3-3)。盘管在水面以上，顶部设有真空阀，炉膛后部或底部装有防爆门，烟道有两回程或三回程，一般大功率加热炉采用三回程。

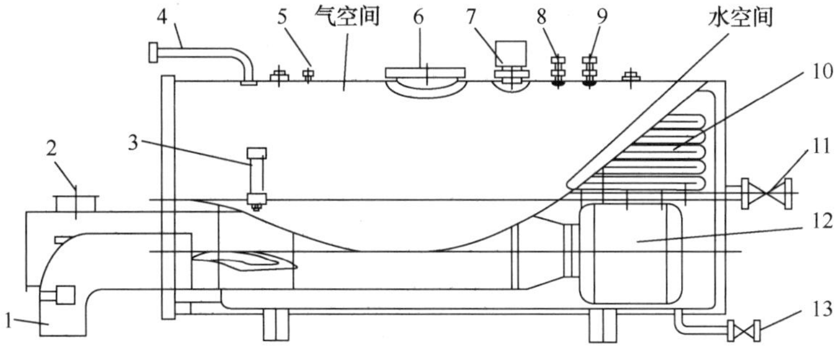

图 3-3　相变加热炉外形结构示意图

1—燃烧器；2—烟囱底座；3—水位表；4—压力表弯管；5—温度表；6—人孔盖；7—真空阀；8—放空阀；9—进水阀门；10—加热盘管；11—加热盘管进出口管线；12—炉胆；13—排污阀

（2）工作原理

燃烧器将燃料充分燃烧，通过辐射和传导将热量传递给锅壳内的中间介质“水”，水受热沸腾产生蒸汽，蒸汽与低温的盘管壁换热，冷凝成水，将热量传递给盘管换热器内流动的工质。凝结后的水继续被加热汽化，如此循环往复，实现加热炉的换热。液体相变换热的主要特点是液体温度基本保持不变，并在相对较小的温差下，达到较高强度的放热和吸热的目的。

安装于锅壳上的测温元件，将内部的蒸汽温度信号传至温度数控仪整形放大，与设定的上限、下限温度相比较，做出判断，控制燃烧器工作状态。通过对锅壳内温度的动态控制，使工质输出温度始终控制在需要的范围内。

锅壳上装有液位变送器和压力变送器，当锅壳内水位低于下限时，报警仪发出声光报警；当水位低于缺水水位时，自动切断燃料阀，停止燃烧。如果锅壳内压力意外超压，安全阀因故障未能及时开启，压力数控仪会发出报警同时立即切断燃烧。

3.1.2.4　热媒加热炉

（1）结构

热媒加热炉将燃料燃烧所产生的热量在炉内传递给载热介质(热媒)。载热介质离开加热炉后流入换热器，将大部分热量传给原油，把原油加热到所需的温度。冷却后的载热介质再送回加热炉吸收热量，完成对原油的间接加热。与直接加热原油的加热炉相比，可提高加热炉效率，避免炉管结焦，提高安全性能。热媒加热炉由燃烧设备、辐射段(亦称炉膛)、过渡段、对流段(亦称烟道)和烟囱等组成。热媒加热炉系统一般由压缩空气供给系统、热媒加热炉系统、热媒-原油换热系统和热媒稳定供给系统四部分组成(见图 3-4)。

（2）工作原理

热媒加热炉燃油(燃气)经燃烧器在加热炉的炉膛内雾化燃烧，产生高温烟气，以辐射

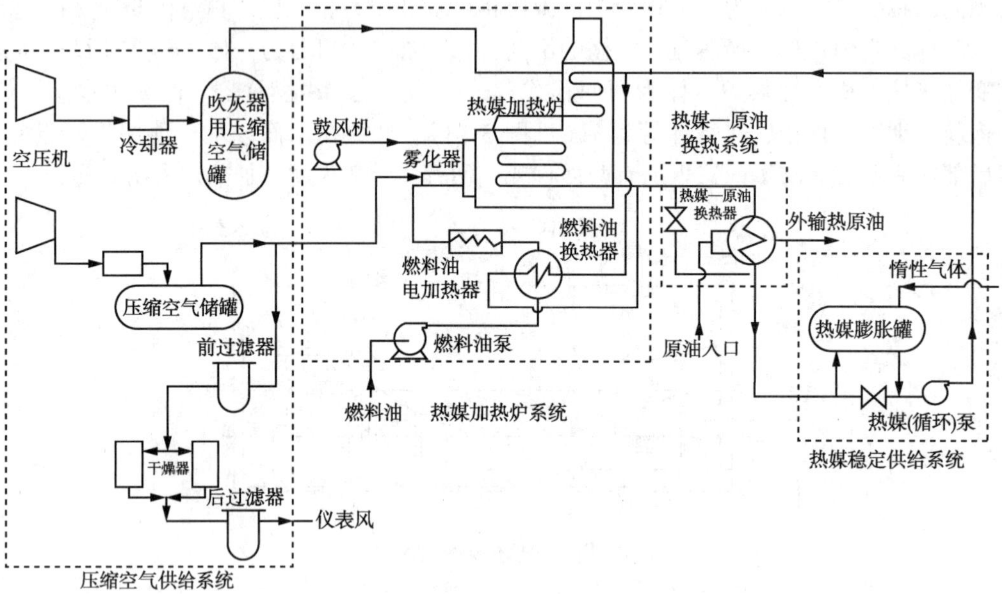

图 3-4　热媒加热炉的原油加热系统流程图

和对流的形式将热量经炉管传递给炉管内流动的热媒导热油，由热媒循环泵使热媒在系统内强制循环，被加热的高温热媒在原油换热器中，将热量间接传给原油，实现加热原油的目的。换热后的低温热媒再返回到加热炉内进行再加热，如此往复循环，连续供热。被加热的导热油会因受热而膨胀，膨胀增加的导热油由膨胀管流入膨胀罐。当系统中导热油温度下降时，导热油体积缩小或系统中有漏油现象时，膨胀罐内的导热油顺膨胀管自动流回到系统中，同时膨胀罐产生的高位压差为循环泵提供稳定的入口压力。氮封系统利用氮气对膨胀罐和储油罐的导热油进行覆盖隔绝空气，防止导热油氧化变质。系统配有全自动燃烧系统和控制系统，实时调节燃烧器的功率输出比例来保证稳定的热媒输出温度。系统设有氮气灭火系统，在导热油炉的炉管出现泄漏着火现象时，可以启动氮气灭火系统进行灭火。

油田使用的热媒加热炉，大多采用液体或气体燃料(即原油、天然气等)；烟气采用强制通风方式，炉膛正压或微正压燃烧；热媒在加热过程中始终呈液体状态，不发生相变，热媒靠热媒泵的压力流经加热炉炉管实现加热。

3.2　油田加热炉节能监测

开展加热炉节能监测的目的是准确评价设备运行状况，诊断各环节工况，及时发现问题，指导加热炉高效经济运行。本节的内容主要包括节能检测项目、测试方法、节能指标限定值、节能评价。

3.2.1　节能监测项目

根据 GB/T 31453—2015《油田生产系统节能监测规范》等标准的要求，油田加热炉主要监测项目包括：排烟温度、过量空气系数、炉体外表面温度、加热炉热效率。

3.2.2 测试方法

（1）燃料发热量测试

1）对于入炉原煤，每次测试采集的原始燃料数量不应少于总固体燃料的1%，且总取样量不少于10kg。取样应在称重地点进行。加热炉煤的取样地点如果在上煤小车上，则取样部位一般应在小车距离四角5cm处和中心部位共5点；如在地面上，则在煤堆四周高于地面10cm以上处，等距离取样不得少于5点；如在皮带输送机上取样，应使用铁铲横截煤流，横截时间间隔应均匀。上述取样方法每点或每次质量不得少于0.5kg，取好后的煤样应密闭放置，以防煤中水分蒸发。从燃煤中取出的煤样多达几十千克，为了取出化验室煤样，应经过混合缩分。混合时应把煤样放入方形铁皮盘中或铁板上。由于煤粒大小不均匀，应将大粒煤破碎，通过13mm以下分样筛，进行充分搅拌。煤样缩分方法是采用堆掺四分法，操作时用平板铁揪将煤铲起，不应过多。自上而下地散落在锥体的顶端，使其均匀地落在锥体四周，反复三次，以使煤样的粒度分布均匀。然后用铁揪从锥体顶端压平，形成一个饼状，再分成四个形状相等的扇形体，将相对的两个扇形体除去。再继续照同样方法进行掺合和缩分，直至达到所需煤样质量为止。一般缩分到不小于1kg，分为两份装入容器内，并严密封口，一份送化验室，一份保存备查。测定方法应符合GB/T 213《煤的发热量测定方法》的规定。

2）对于液体燃料，应在整个测试期内从燃烧器前的管道中在开始测试后半小时内、测试中期、测试结束前半小时内分三次共抽取2L以上原始试样，混合均匀后立即倒入两只约1L的容器内，加盖密封，并做上封口标记，送化验室检测其发热量或进行成分分析。测定方法应符合GB/T 384《石油产品热值测定法》的规定。

3）对于气体燃料，可在燃烧器前的管道上开取样孔，接上燃气取样器取样，送化验室进行成分分析，气体燃料的发热量可按其成分进行计算。成分分析方法应符合GB/T 13610《天然气的组成分析气相色谱法》的规定。

（2）燃料消耗量测量

1）对于固体燃料，应使用衡器称重。

2）对于液体燃料，应采用流量计来测定。

3）对于气体燃料，用气体流量计来测定。气体燃料的压力和温度应在流量测试点附近测量，用以将实际状态的气体流量换算成标准状态下的气体流量。

（3）被加热介质流量测量

应在被加热介质管路上采用流量计测定被加热介质流量。

（4）温度的测量

1）对于介质温度的测量，可使用热电阻温度计或玻璃水银温度计进行测定。测温点应布置在管道截面上介质温度比较均匀的位置。

2）对于排烟温度的测量，可使用热电阻温度计或热电偶温度计。测温点应在加热炉最后一级尾部受热面后1m以内的烟道上进行。测温热电偶温度计或热电阻温度计应插入烟道中心处，并保持热电偶或热电阻温度计插入处的密封。

3）对于炉体外表面温度的测量，用可测量表面温度的仪表测定。测点布置应具有代表性，一般0.5~1m^2布置一个测点，取其算术平均值作为炉体外表面温度。在炉门、烧嘴孔、焊孔等附近，边距300mm范围内不应布置测点。

（5）排烟成分测量

排烟成分的测量使用烟气测试仪进行，测点应在加热炉最后一级尾部受热面后1m以内的烟道上进行。取样探头应插入烟道中心处，并保持探头插入处的密封。通常烟气测试仪均带有测温热电偶，可同步测量排烟温度。

（6）灰平衡测量

为计算加热炉固体未完全燃烧热损失及灰渣物理热损失，应进行灰平衡测量。灰平衡是指炉渣、漏煤、烟道灰、溢流灰、冷灰和飞灰中的含灰量与入炉灰量相平衡，通常以炉渣、漏煤、烟道灰、溢流灰、冷灰和飞灰的含灰量占入炉煤总灰量的质量分数来核算。

为进行灰平衡计算，应对炉渣、漏煤、烟道灰、溢流灰和冷灰进行称重和取样化验，对飞灰进行取样化验。

（7）灰渣取样方法

1）装有机械除渣设备的加热炉，可在灰渣出口处定期取样(一般每15min取次)。每次采集的原始灰渣样质量不少于总灰渣质量的2%，当煤的灰分≥40%时，原始灰渣样质量不应少于总灰渣质量的1%，且总灰渣质量不应少于20kg。当总灰渣量少于20kg时，应予全部取样，缩分后灰渣质量不少于1kg。

2）在湿法除渣时，应将灰渣铺开在清洁地面上，待稍干后再称重和取样。漏煤与飞灰取样缩分后的质量不少于0.5kg。

（8）加热炉散热损失计算

加热炉散热损失应按热流计法、查表法和计算法三种方法之一确定。

1）热流计法。

① 按温度水平和结构特点将加热炉本体及部件外表面积划分成若干近似等温区段，并量出各区段的面积 F_1，F_2，…，F_n，各区段的面积一般不得大于2m²。

② 将热流计探头按热流计规定的方式固定于各等温区段的中值点，待热流计显示读数近似于稳定后，连续读取10个数据，并用算术平均值法求出各个区段的散热强度 q'_1，q'_2，…，q'_n。

③ 用式(3-1)求得整台加热炉的散热损失 q_5。

$$q_5=\frac{q'_1F_1+q'_2F_2+\cdots+q'_nF_n}{Q_r}\times 100\% \tag{3-1}$$

式中 q'_1，q'_2，…，q'_n——各区段的散热强度，kJ/(m²·h)；

F_1，F_2，…，F_n——各区段的面积，m²；

Q_r——加热炉供给热量，kJ/h。

2）查表法。

加热炉在运行负荷不低于额定容量的75%运行时，加热炉散热损失可按表3-1取用。

表3-1 加热炉的散热损失

加热炉额定容量/MW	≤2.8	4.2	7.0	10.5	14	29
散热损失/%	2.9	2.4	1.7	1.5	1.3	1.1

3）计算法。

① 依据加热炉散热表面积，散热损失可近似地按式(3-2)计算。

$$q_5=\frac{1670F}{Q_r}\times100\% \tag{3-2}$$

式中 q_5——加热炉散热损失，%；

F——加热炉散热表面积，m^2；

Q_r——加热炉供给热量，kJ/h。

如为电加热炉，Q_r 用 3600N 代替，N 为耗电量，(kW·h)/h。

② 当加热炉运行负荷在额定容量的 30%~75%之间时，散热损失可按式(3-3)计算。

$$q_5=q'_5\times\frac{3600000Q_e}{Q} \tag{3-3}$$

式中 q'_5——加热炉额定散热损失(见表 3-1)，%；

Q_e——加热炉额定热功率，MW；

Q——加热炉运行负荷，kJ/h。

③ 当加热炉运行负荷低于额定容量的 30%时，可按上式以 30%负荷计算散热损失。

除需化验分析的有关测试项目外，所有测试参数每隔 10min 应读数记录一次。为了便于测试和计算，表 3-2 提供了烟气、空气的平均定压比热容，表 3-3 给出了烟气、空气和灰的焓。

表 3-2　烟气、空气的平均定压比热容

温度*/℃	平均定压比热容 c/[kJ/(m³·℃)]						
	RO_2	N_2	O_2	H_2O	CO	H_2	空气
0	1.5998	1.2946	1.3059	1.4943	1.2992	1.2766	1.3183
10	1.6099	1.2947	1.3071	1.4954	1.2995	1.2780	1.3194
20	1.6199	1.2948	1.3083	1.4965	1.2997	1.2794	1.3200
30	1.6299	1.2949	1.3095	1.4976	1.3000	1.2808	1.3206
40	1.6399	1.2950	1.3107	1.4987	1.3002	1.2822	1.3212
50	1.6499	1.2951	1.3119	1.4998	1.3005	1.2836	1.3218
100	1.7003	1.2958	1.3176	1.5052	1.3017	1.2908	1.3243
150	1.7438	1.2978	1.3266	1.5137	1.3040	1.2940	1.3281
160	1.7525	1.2982	1.3284	1.5154	1.3046	1.2946	1.3289
170	1.7612	1.2986	1.3302	1.5171	1.3052	1.2952	1.3297
180	1.7699	1.2990	1.3320	1.5188	1.3058	1.2958	1.3305
190	1.7786	1.2994	1.3338	1.5205	1.3066	1.2964	1.3313
200	1.7873	1.2996	1.3352	1.5223	1.3071	1.2971	1.3318
300	1.8627	1.3067	1.3561	1.5424	1.3167	1.2992	1.3423

注：* 低于 0℃时可按外插法延伸。

表 3-3 烟气、空气和灰的焓

温度/℃	RO_2焓/(kJ/m³)	N_2焓/(kJ/m³)	O_2焓/(kJ/m³)	H_2O焓/(kJ/m³)	空气焓/(kJ/m³)	灰焓/(kJ/kg)
100	170.0	129.6	131.8	150.5	132.4	80.8
200	357.5	259.9	267.0	304.5	266.4	169.1
300	558.8	392.0	406.8	462.7	402.7	263.8
400	771.9	526.5	551.0	626.6	541.8	360.1
500	994.4	663.8	699.0	794.9	684.1	458.5
600	1224.6	804.1	850.1	968.9	829.7	560.2
700	1461.9	947.5	1004.1	1148.9	978.3	662.4
800	1704.9	1093.6	1159.9	1334.4	1129.1	767.0
900	1952.3	1241.6	1318.1	1526.1	1282.3	875.0
1000	2203.5	1391.7	1477.5	1722.9	1437.3	983.9
1100	2458.4	1543.8	1638.2	1925.1	1594.9	1096.9
1200	2716.6	1697.2	1800.7	2132.3	1753.4	1205.8
1300	2976.7	1852.7	1963.8	2343.7	1914.2	1306.7
1400	3239.1	2008.7	2128.3	2559.1	2076.2	1582.6
1500	3503.1	2166.0	2294.2	2779.0	2238.9	1758.5
1600	3768.8	2324.5	2460.5	3001.8	2402.9	1875.7
1700	4036.4	2484.0	2628.5	3229.2	2567.3	2064.1
1800	4304.7	2643.7	2797.5	3458.4	2731.9	2185.5
1900	4574.1	2804.1	2967.2	3690.3	2898.8	2386.5
2000	4844.1	2965.1	3138.4	3925.5	3064.7	2512.1
2100	5115.3	3127.4	3309.4	4163.1	3233.8	—
2200	5386.6	3289.2	3482.7	4401.9	3401.6	—

3.2.3 节能指标限定值

根据 GB/T 31453—2015《油田生产系统节能监测规范》、GB/T 33653—2017《油田生产系统能耗测试和计算方法》、GB/T 24848—2010《石油工业用加热炉能效限定值及能效等级》和 GB/T 34165—2017《油气输送管道系统节能监测规范》等标准对油田加热炉的节能监测结果进行了限定，为加热炉的运行安全性、经济性、环保性提供了可靠依据。表 3-4 和表 3-5 是从相关标准中筛选出的加热炉能效等级限定规范和燃气加热炉节能监测项目与指标规范。

表 3-4 加热炉能效等级

额定热负荷 P/kW	加热炉效率/%		
	燃气加热炉		
	1 级	2 级	3 级
$P<200$	87	86	80
$200\leqslant P<500$	87	87	82
$500\leqslant P<1000$	89	88	84

续表

额定热负荷 P/kW	加热炉效率/%		
	燃气加热炉		
	1 级	2 级	3 级
1000≤P≤1200	90	89	85
1200<P≤1500	90	89	86
1500<P<2000	91	90	87
2000≤P<2500	91	90	88
2500≤P≤12000	92	91	89

表 3-5 燃气加热炉节能监测项目与指标

监测项目	评价指标	D≤0.40	0.40<D≤0.63	0.63<D≤1.25	1.25<D≤2.00	2.00<D≤2.50	2.50<D≤3.15	D>3.15
排烟温度/℃	限定值	≤300	≤250	≤220	≤200	≤200	≤180	≤180
空气系数	限定值	≤2.2	≤2.0	≤2.0	≤1.8	≤1.8	≤1.6	≤1.6
炉体表面温度/℃	限定值	≤50						
热效率/%	限定值	≥62	≥70	≥75	≥80	≥82	≥85	≥87
	节能评价值	≥70	≥75	≥80	≥85	≥85	≥88	≥89

注：D 为加热炉额定容量，单位为兆瓦(MW)。

3.2.4 节能产品节能效果评价

根据 SY/T 6422—2016《石油企业用节能产品节能效果测定》、SY/T 6767—2009《石油企业余热资源量测试与计算规范》等标准，对油田加热炉应用的节能产品进行节能效果测定，主要通过产品的节能率对其效果进行评价，即在合格的标准测试装置上，对应用节能产品前后的能耗值进行测定，较高的节能率能够保障油田的经济效益。

其中，节能产品的测试要求主要包括以下几个方面。

1）节能效果的测试应在标准测试装置上进行。对于无标准测试装置的节能产品，可选择生产现场进行测试。

2）应分别在加热炉额定工况和正常生产运行工况时进行测试。如果随着季节的变化运行工况有变化时，应根据实际情况进行多工况测试。

3）未改变燃料特性的节能产品对比测试应使用同一品种和质量的燃料。

4）对比测试前后锅炉、加热炉应处于安全、热工况稳定的运行状态，热负荷波动不应大于±5%，燃烧状态调节至最佳(烟气中一氧化碳含量宜控制在 0.020%±0.005%)。

加热炉节能产品节能率按以式(3-4)计算。

$$\xi_L = \frac{B_1 - B_2}{B_1} \times 100\% \tag{3-4}$$

式中 ξ_L——节能率，%；

B_1——应用节能产品前有效输出热量单耗，kgce/MJ；

B_2——应用节能产品后有效输出热量单耗，kgce/MJ。

加热炉有效输出热量单耗按式(3-5)计算。

$$B=\frac{B_y}{Q_y} \tag{3-5}$$

式中　B——锅炉、加热炉有效输出热量单耗，kgce/MJ；

　　B_y——锅炉、加热炉单位时间内耗能量，kgce/h；

　　Q_y——锅炉、加热炉单位时间内有效输出热量，MJ/h。

此外，节能率宜取2次以上测试结果的算术平均值作为锅炉、加热炉节能率最终测试结果。

3.3　油田加热炉能效评价指标

3.3.1　能效评价指标确定

衡量一个油田加热炉设备的经济运行情况，其核心是检测加热炉的工作效率。目前相关标准已将加热炉热效率、过量空气系数、排烟温度、炉体侧外表温度等作为油田加热炉的评价指标。因此通过以上几个评价指标对油田加热炉进行能效评价，则整体的加热炉评价指标体系如图3-5所示。

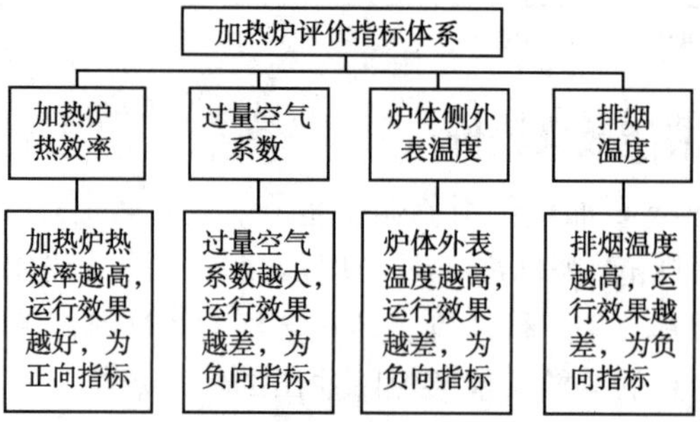

图3-5　评价指标体系构图

1）热效率。热效率是指加热炉的有效输出热量与供给热量的比值，能够比较直观地反映燃料燃烧被利用的有效程度。影响加热炉热效率的因素有很多，如燃料未完全燃烧热损失、散热损失、排烟热损失等。燃料燃烧越充分，热损失越少，加热炉热效率越高，运行效果越好，因而将加热炉的运行热效率作为评价油田加热炉能耗利用情况的指标具有实际意义。

2）过量空气系数。过量空气系数是指加热炉内燃料燃烧时的实际空气量与其理论空气量的比值。当过量空气系数过大时，会降低炉膛温度，对燃料燃烧造成不良影响，还会增大排烟热损失；当它过小时，又会使燃料燃烧不充分，降低加热炉热效率。但是在实际运行过程中，往往是由于过量空气系数过大造成的，因此本文在对该指标进行计算评价时，主要考虑通过降低过量空气系数来提高加热炉的运行效率。

3）排烟温度。排烟热损失是指燃烧烟气从加热炉离开，进入烟囱过程中造成的热量损失，而排烟温度是指燃烧后气体进入排烟烟囱时的温度，其直接影响着排烟热损失，排烟温度越高，排烟热损失越大，加热炉效率越低。虽然排烟温度低于水露点时，会因为腐蚀影响加热炉的使用寿命。但为了使评价模型更加普遍，本文只考虑通过降低排烟温度来提高加热炉运行效率。

4）炉体侧外表温度。炉体侧外表温度是指加热炉炉体外表面温度，加热炉在工作时，燃料燃烧产生的部分热量通过热辐射和热对流的方式传给炉体，炉体间通过热传导的方式将热量传到炉体侧外表面，炉体侧外表面的热量又会通过热辐射和热对流的方式向环境散热，从而产生散热损失。在实际工作过程中，通常需要通过降低炉体侧外表温度来降低加热炉散热损失，提高运行效率。

3.3.2 油田加热炉能效影响因素分析

3.3.2.1 加热炉运行热效率影响因素分析

加热炉输出有效热量与供给热量之比的百分数叫热效率，它是热量被利用的有效程度的一个重要参数。加热炉热效率应保持一个恰当的数值，热效率低时燃料耗量大，而热效率太高一般则投资高。所以应予以综合考虑，使加热炉热效率保持在一个合理数值。

目前，有关加热炉热效率的计算方法主要包括正平衡法和反平衡法两种。其中，正平衡法是直接测量加热炉输入热量和输出的有效利用热量来确定效率的方法，亦称直接测量法或输入输出法；反平衡测量法就是通过测定各种燃烧产物热损失和加热炉散热损失来确定效率的方法。具体的计算方法如下。

（1）正平衡法

正平衡法加热炉热效率计算公式为：

$$\eta_1=\frac{Q_{\text{out}}}{Q_{\text{r}}}\times 100\% \tag{3-6}$$

$$Q_{\text{r}}=qV$$

式中 η_1——加热炉正平衡热效率，%；

Q_{out}——加热炉有效输出热量，kJ/h；

Q_{r}——总供给热量，kJ/h；

q——加热炉燃料热值，kJ/kg；

V——气体燃料的体积，m^3。

（2）反平衡法

在反平衡法加热炉热效率的计算过程中，一般认为被加热介质带入加热炉的热量从输入到输出过程所产生的能量损失很小，可以忽略；则反平衡法加热炉热效率计算公式为：

$$\eta_2=100\%-(q_2+q_3+q_4+q_5) \tag{3-7}$$

式中 η_2——加热炉反平衡热效率，%；

q_2——排烟热损失率，%；

q_3——气体未完全燃烧热损失率，%；

q_4——固体未完全燃烧热损失率，%；

q_5——散热损失率，%。

如式(3-7)所示，各项热损失率均对热效率产生影响，下面对各项热损失产生的原因等方面进行简要介绍。

1）排烟热损失在加热炉热损失中占很大部分，是指烟气离开加热炉末级受热面进入烟囱时带走的部分热量。其大小主要取决于排烟温度的高低和排烟处的烟气量的大小。在燃料组分一定的条件下，排烟热损失主要受排烟温度和空气系数的影响，是空气系数和排烟温度的函数。在燃料及送风条件保持稳定时，在运行中应尽可能地保证在完全燃烧的条件下降低散热损失率，从而提高加热炉的热效率，其主要计算公式为：

$$q_2=(0.5\times0.45\alpha)\left(\frac{t_{py}-t_0}{100}\right) \tag{3-8}$$

式中 α——过量空气系数；

t_{py}——排烟温度，℃；

t_0——环境温度，℃。

2）气体未完全燃烧热损失指燃料中的可燃物质，没有与氧气充分反应，而在排出的烟气中含有 CO、H_2、CH_4等可燃气体所引起的热损失，又称为化学未完全燃烧热损失。当过量空气系数过小时，会引起不完全燃烧，烟气中的可燃物的含量急剧增加，引起热损失的增加；而固体未完全燃烧热损失又称机械未完全燃烧热损失，是由于进入炉膛的燃料中，有一部分没有参与燃烧而被排出炉外所引起的热损失。

3）散热损失是较排烟损失之后的又一大热损失，加热炉的散热损失主要取决于加热炉的散热面积、炉体外表面温度情况和运行负荷率。根据 SY/T 6381—2016《石油工业用加热炉热工测定》提到，加热炉在运行负荷不低于额定容量的 75%运行时，加热炉散热损失可按表 3-1 取用。

加热炉在实际运行时，加热炉表面的温度变化不大，总的散热量也就没有太大的变化。因此，当加热炉运行负荷在额定容量的 30%~75%之间时，加热炉的散热损失和加热炉的负荷成反比例变化，计算公式为：

$$q_5=q_5^0\frac{D^0}{D}=\frac{q_5^0}{d} \tag{3-9}$$

式中 q_5——加热炉非额定负荷下的散热损失率，%；

q_5^0——加热炉额定负荷下的散热损失率（见表 3-1），%；

D——加热炉的非额定负荷，t/h；

D^0——加热炉的额定负荷，t/h；

d——加热炉的负荷率，%。

当加热炉运行负荷低于额定容量的 30%时，可按式（3-9）以 30%负荷计算散热损失。

在实际生产中，当测量效率低于 80%的中小型加热炉时，采用正平衡法比较准确。当测量效率高于 80%的加热炉时，采用反平衡法为好。当全面鉴定加热炉时，必须同时用正平衡法和反平衡法计算。

然而加热炉的热效率受多种因素的影响，下面对加热炉热效率的影响因素进行分析，主要包括过剩空气系数、排烟温度、炉膛温度、炉膛负压、炉内灰垢、使用时间等。

（1）过剩空气系数对热效率的影响

过量空气系数的高低与加热炉的热效率有着密不可分的联系。过剩空气系数过大，表示向炉内供入的空气太多，使炉膛温度降低，对燃烧不利，热转化效率低，多余的冷空气被加热，由烟囱排走，从而引起排烟热损失增加；此外，加热炉的进料速度以及炉体密实性等因素也会对加热炉的转化效率造成相应的影响。

（2）排烟温度对热效率的影响

排烟温度是影响加热炉热效率的一大因素，排烟热损失主要表现在两方面：一是排烟温度不能得到有效控制所致，若排烟温度过高，则加热炉所产生的热量被烟气带走的就较多，进而使热效率偏低，严重会造成炉管炸裂，烟道被损坏等不良现象，给正常的生产带来一定的影响，而排烟温度过低的话从经济层面来考虑也是不科学的；二是排烟容积超过许可范围。

（3）炉膛温度对热效率的影响

炉膛温度主要指的是烟气离开辐射室的温度，也就是炉膛内的烟气温度，它是确保加热炉得以安全运行的重要指标。为了能准确测出炉膛内的实际温度，通常在加热炉炉膛部位安装多个热电偶，以实现对炉膛温度的实时测量。在工作中可通过改变燃料在炉膛内的燃烧状况等方式，来使炉膛温度处于可控范围内。

（4）炉膛负压对热效率的影响

操作人员通过对炉膛负压实行监管与控制可确保炉内燃料的充分燃烧，提高运行效率，减少不安全隐患的发生。如若炉膛内负压超过正常范围时，则不仅会使燃料不能彻底燃烧，进而造成加热炉熄火等不良现象，而且也会造成排烟热损失加剧现象的发生；而炉膛负压过低，又会发生回火现象，给工作人员的生命安全造成严重的威胁。因此在实际工作中应按照加热炉的特征，并结合排烟温度等要素，合理调节烟道挡板开度，将炉膛负压控制在合适范围内，确保设备的安全运行。

（5）炉内灰垢对热效率的影响

在加热炉运行过程中，炉体燃料燃烧之后会产生一定程度的结垢或者积灰，炉内灰垢必然会大大降低加热炉受热表面的导热系数，降低传热效果，进而导致加热炉热效率下降，严重时甚至会导致加热炉爆管事故的发生。烟道积灰主要与其燃料有关，燃油加热炉燃烧不充分极易导致烟道积灰。此外，加热炉燃料中的杂质也是造成加热炉炉体积灰结垢的主要原因之一。

（6）使用时间对热效率的影响

加热炉使用的时间越长久，热效率越低。一方面，加热炉长时间运行，导致加热炉各构件因磨损、腐蚀等性能降低，热损耗增加，热效率降低。另一方面，加热炉运行的越长久，内部构件积灰、结垢越多，热传导系数降低，热传导性能差，热效率越小。

3.3.2.2 过量空气系数影响因素分析

油田加热炉排烟处过量空气系数的计算公式如下：

$$\alpha = \frac{21}{21 - 79\dfrac{O'_2 - (0.5CO' + 0.5H'_2 + 2CH'_4)}{N'_2 - \dfrac{N_2(RO'_2CO' + CH'_4)}{CO_2 + CO + \sum mC_mH_n + H_2S}}} \tag{3-10}$$

式中 O'_2——排烟处 O_2 含量，%；

CO'——排烟处 CO 含量，%；

H'_2——排烟处 H_2 含量，%；

CH'_4——排烟处 CH_4 含量，%；

RO'_2——排烟处 RO_2 含量，%；

CO_2——收到基 CO_2 含量，%；

CO——收到基 CO 含量，%；

C_mH_n——收到基 C_mH_n 含量，%；

H_2S——收到基 H_2S 含量，%。

通过上述计算公式可看出，加热炉排烟处过量空气系数与排烟处的烟气组分的含量及收到基有关。其中排烟处 O_2 含量越高，过量空气系数越大，排烟处 CO_2 含量越高，过量空气系数越大。由于过量空气系数受多个运行参数的影响，且对加热炉效率产生影响，因此有必要将过量空气系数作为评价加热炉能效的指标。加热炉在工作时，其运行负荷、风量和设备管理方面都会引起过量空气系数的变化，下面是对过量空气系数的影响因素分析。

(1) 运行负荷对过量空气系数的影响

在对加热炉烟尘排放浓度的测试中，必须保证在加热炉设计功率 70% 以上的情况下进行。当加热炉运行负荷较低时，由于炉排有效燃烧面积不够，燃料燃烧不完全，会造成大量进入炉膛的冷空气未能被充分利用，致使过剩氧量增加，过量空气系数随之增大，烟气量也增大；与此同时，引风机负荷加大，加热炉运行系统的排烟热损失相应增加，烟气易从炉膛中带出较多的未燃尽的炭粒和飞灰。这样既降低了加热炉的热效率，又浪费了大量的燃料。

(2) 风量对过量空气系数的影响

通常在加热炉运行期间，加热炉炉膛入口处大都保持负压 20~30Pa，炉膛温度一般保持在 1200℃左右。如果供风不合理，鼓风机送风量太大，会使炉膛内过剩氧量增加，过量空气系数增大，烟气量也增加，造成燃料尚未充分燃烧即被排出；过量的冷空气会降低炉膛温度，使加热炉排烟热损失增大，使加热炉的热效率降低。只有合理调试供风量，减少加热炉排烟热损失，能有效提高加热炉运行的经济性。同时，合理调试加热炉引风量，严格控制引风机风门调节闸板的开度不要过大，否则就会造成烟道系统内过剩氧量增加，过量空气系数增大，引起烟尘排放浓度升高。

(3) 漏风现象对过量空气系数的影响

加热炉运行系统的漏风，通常发生在以下部位：加热炉炉膛、鼓引风机、烟道系统(共用烟囱和烟道)、除尘设施等处。一旦运行系统出现漏风现象，必然造成烟气中过剩氧量的增加和烟尘浓度的稀释，使过量空气系数增大，烟气量增加，从而影响折算后烟尘排放浓度的准确性。

3.3.2.3 排烟温度影响因素分析

排烟温度的高低直接影响热效率的大小，排烟温度越高，热效率越低。因此，在实际生产中应该尽量降低排烟温度，提高热效率。在有条件的情况下采用烟气余热回收技术。可以采用空气预热器来预热燃烧用空气、通常情况下燃烧用空气温度每提高 15~20℃，加热炉热效率约提高一个百分点。但通常情况下排烟温度也不宜过低(低于烃露点)，否则易在加热炉尾部产生滴水现象，诱发加热炉尾部受热面腐蚀问题。一般情况下，加热炉安全排烟温度要高于烟气水露点 5~10℃。

(1) 燃料性质对排烟温度的影响

燃料性质对排烟温度也有一定的影响。对于燃煤加热炉，煤中的水分变成水蒸气，导致烟气量增加，排烟热损失也将增大，这使加热炉经济性降低。一般煤中的水分每增加 5%，由于损失而使锅炉效率下降 0.5%；灰分增加，受热面的积灰和结焦严重，炉内结渣会影响水循环，造成炉膛出口温度升高，而尾部受热面的积灰则会使排烟温度显著升高，同时灰分高的煤发热量低，在相同负荷情况下消耗的燃料量增加，造成烟气量和流速升高，导致排烟温度及排烟量升高，从而降低加热炉效率；挥发组分减少时，煤粉着火推迟，燃烧的时间也会增加，造成炉膛出口温度增加，导致排烟温度升高，降低加热炉效率。

(2) 负荷对排烟温度的影响

负荷变化必然引起排烟温度的变化，负荷增加，烟气量和排烟温度必然增加，这是由于燃料量和空气量增加的原因，要想控制排烟温度在经济温度下运行，关键就是要找到送风量与排烟温度间的平衡关系，也就是要控制过量空气系数，炉内过量空气系数过大或过小，都会使加热炉效率降低。

(3) 结垢积灰对排烟温度的影响

加热炉结垢积灰会导致加热炉受热面导热系数大大降低，影响传热效果，导致排烟温度升高，降低加热炉热效率，严重时甚至会导致加热炉爆管事故的发生。由于一些加热炉使用年限长、被加热介质洁净度差，使这些加热炉换热面结垢严重、运行热效率远低于新炉投产时热效率，尤其是被加热介质成分复杂的加热炉，其换热面介质侧淤积、结垢严重，新炉投产后运行热效率下降速度远高于加热清水等洁净介质的加热炉。此外烟道积灰主要与其燃料有关，燃油加热炉燃烧不充分极易导致烟道积灰，而燃料气内杂质也易造成烟道积灰。因此，为了保证加热炉经济运行，必须经常保持受热面清洁，吹灰器的正确运行能有效地清除受热面上的结垢和积灰，维持受热面的清洁。

3.3.2.4 炉体侧外表温度影响因素分析

加热炉运行中，由于保温材料并非完全绝热，加热炉内的介质将热量通过炉墙、烟风道、架构、汽水管道的外表面散发出来，该部分散失的热量即炉体表面散热损失。炉体外表面温度是由于油田加热炉的散热损失使加热炉效率降低，其主要受环境温度和风速的影响。

(1) 环境温度随季节、昼夜、地域、气候的变化而变化。当环境温度较低时，加热炉炉体表面温度与环境温度的差距较大，导致炉体表面散失热量增加，散热损失的增加直接降低了加热炉的运行效率；反之，当环境温度较高时，加热炉炉体侧外表温度与环境温度的差距较小，降低了炉体表面的散热损失，相比之下，提高了加热炉的运行效率。

(2) 风速同样是对于炉壁外表面温度的影响较大，当外界空气以一定的速度(有风时)流过加热炉炉墙外表面时，风速越大空气对边界层的扰动越大，相应地外界环境与炉外壁面间总的表面传热系数越大，从而导致炉壁向外界散失的热量也越多。

通过以上分析，炉体侧外表温度受环境温度和风速影响较大，然而加热炉散热损失的大小还要取决于加热炉散热表面积、负荷率、炉体外表面温度、保温层的性能和厚度以及周围空气的温度及风速等。因此可以通过加强维护保养，整修加热炉本体及管道保温层，防止和减少炉体表面热量损失。

3.3.3 评价指标对加热炉整体用能水平的影响

3.3.3.1 加热炉热效率对整体用能水平的影响

根据本书所述油田的测试数据，计算各加热炉与理想运行状态的关联度绘制加热炉热效率对加热炉整体用能水平的影响趋势，如图 3-6 所示。

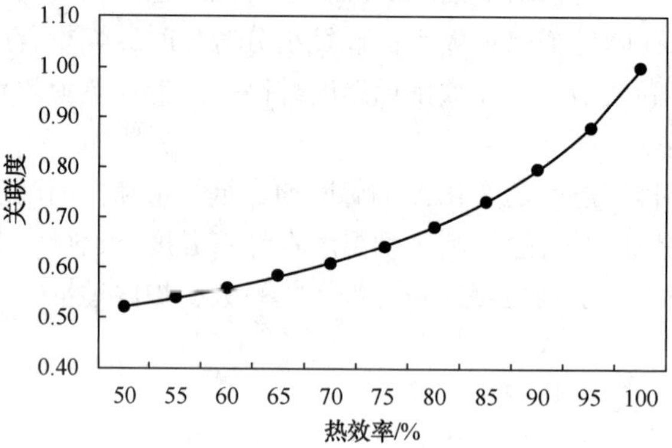

图 3-6 热效率对关联度影响趋势图

从图 3-6 中可以看出，各加热炉与其理想运行状态的关联度与其热效率成正相关，加热炉热效率越高，关联度越大，说明整体用能水平越高；反之，加热炉热效率越低，关联度越小，说明整体用能水平越低。从关联度的数值上看，加热炉热效率对关联度的影响较大，且从上述加热炉热效率的相关影响因素分析中可知热效率不仅受环境温度、负荷率、散热损失率和燃料热值等因素的影响，还受排烟温度、过量空气系数等评价指标的影响。因此热效率的高低往往直接反映了加热炉运行的好坏程度，综上表明将热效率作为评判加热炉能效最重要的指标很有意义。

3.3.3.2 过量空气系数对整体用能水平的影响

根据本书所述油田的测试数据，计算各加热炉与理想运行状态的关联度绘制过量空气系数对加热炉整体用能水平的影响趋势，如图 3-7 所示。

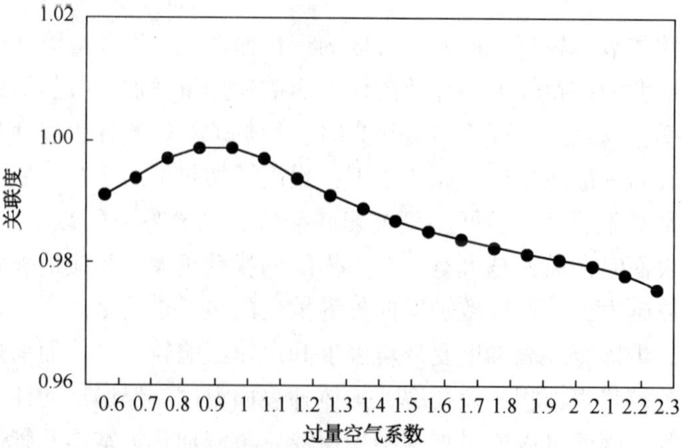

图 3-7 过量空气系数对关联度影响趋势图

虽然根据经验可知当加热炉的过量空气系数过小时，不能保证燃料的完全燃烧，增加气体未完全燃烧热损失和固体未完全燃烧热损失，但是从图 3-7 中可以看出，在加热炉合格运行的情况下，关联度随着过量空气系数的增大而减小，这表明过量空气系数越大，加热炉的整体用能水平越低。这是由于当过量空气系数过大时，表示向炉内供入的空气太多，使炉膛温度降低，对燃烧不利，多余的冷空气被加热，由烟囱排走，从而引起排烟热损失增加。因此为了保证加热炉的能效水平，应选取合理的过剩空气系数，即在保证加热炉合格运行的条件下，尽量减小过量空气系数。

3.3.3.3 排烟温度对整体用能水平的影响

根据本书所述油田的测试数据，计算各加热炉与理想运行状态的关联度绘制排烟温度对加热炉整体用能水平的影响趋势，如图 3-8 所示。

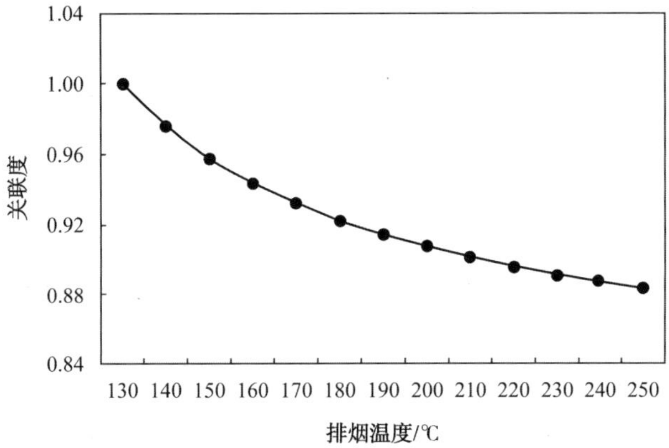

图 3-8 排烟温度对关联度影响趋势图

从图 3-8 中可以看出，当排烟温度较低时，加热炉与理想运行状态的关联度较大，表明其整体用能水平较高；当排烟温度较高时，加热炉与理想运行状态的关联度较小，表明其整体用能水平较低。这主要是因为排烟温度是排烟热损失的主要影响因素之一，排烟温度升高，代表加热炉燃烧的烟气热量流失增多，导致加热炉的有效输出降低，进而降低了加热炉热效率。因此在加热炉的实际运行中，应在确保燃料充分燃烧的情况下，尽量降低加热炉的排烟温度。

3.3.3.4 炉体侧外表温度对整体用能水平的影响

根据本书所述油田的测试数据，计算各加热炉与理想运行状态的关联度绘制炉体侧外表温度对加热炉整体用能水平的影响趋势，如图 3-9 所示。

从图 3-9 中可以看出，在炉体侧外表温度较低的情况下，各加热炉与其理想运行状态的关联度较大，表明其能效水平较高；反之，在炉体侧外表温度较高的情况下，各加热炉与其理想运行状态的关联度较小，表明其能效水平较低。这是由于加热炉在工作时，燃料燃烧产生的部分热量会通过热辐射和热对流的方式传给炉体，并通过热传导的方式将热量传到炉体侧外表面，炉体侧外表面的热量又会通过热辐射和热对流的方式向环境散热，从而产生散热损失。而当炉体外表面温度较高时，与环境温度差别较大，致使散热损失增加，降低了加热炉的热效率。因此为了保证加热炉的整体用能效率，应尽量减小加热炉的炉体侧外表温度。

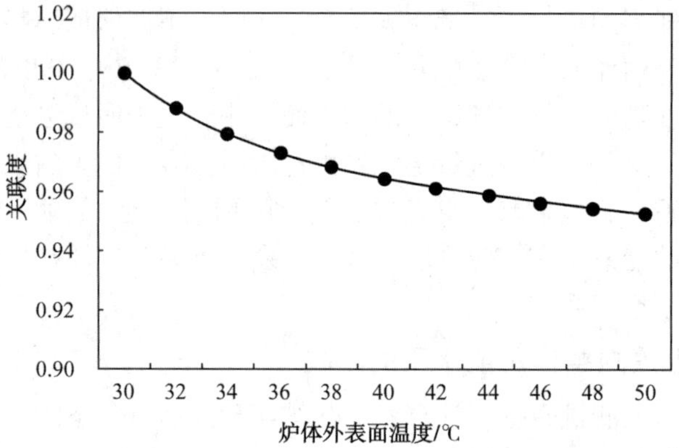

图 3-9 炉体外表温度对关联度影响趋势图

3.4 油田加热炉能效综合评价与分析

3.4.1 测试数据

为了更清晰准确地比较分析加热炉的用能情况，对30台额定负荷为1.2MW燃气加热炉进行评价分析，测试数据如表3-6所示。

表 3-6 加热炉测试数据

序号	空气系数	排烟温度/℃	炉体外表面温度/℃	热效率/%
1	1.39	176.24	45.25	78.99
2	1.33	174.2	43.63	79.58
3	1.41	226.8	46.88	75.52
4	1	227	47	79.94
5	1.58	197.7	46.63	66.71
6	1.6	196.36	44.25	76
7	2.37	122.26	47.13	57.63
8	2.09	110.56	46.63	66.26
9	1.22	115.1	46.5	83.67
10	1.42	117.22	39.88	82.58
11	1.4	118.96	44	82.63
12	1.69	180.72	42.75	76.47
13	1.62	140.5	36.4	90.32
14	1.69	101.0	36.0	92.49
15	1.06	200.0	39.0	89.65
16	3.93	86.3	39.7	90.09
17	1.26	182.8	38.2	89.55
18	1.39	178.4	36.9	89.41
19	1.6	242.3	36.9	84.3

续表

序号	空气系数	排烟温度/℃	炉体外表面温度/℃	热效率/%
20	1.82	232.4	39.8	83.3
21	2.2	218.4	41.2	83.6
22	2.16	197.5	35.8	83.7
23	1.55	274.3	38.4	82.8
24	1.75	218.2	43.3	84.8
25	1.95	233.6	39.1	82.4
26	1.72	252.9	41.8	82.8
27	2.1	193.2	44.2	84.5
28	1.69	187.6	38.7	87
29	1.91	231.5	43.7	82.7
30	1.71	196.3	42.5	86.5

3.4.2 加热炉运行状况

按照表3-5，判断加热炉各个指标的合格情况，统计结果如表3-7所示。

表3-7 加热炉监测数据表

序号	空气系数			排烟温度/℃			炉体外表面温度/℃			热效率/%		
	实测值	限定值	测试结果	实测值	限定值	测试结果	实测值	限定值	测试结果	实测值	限定值	测试结果
1	1.39	2	合格	176.24	220	合格	45.25	50	合格	78.99	75	合格
2	1.33	2	合格	174.2	220	合格	43.63	50	合格	79.58	75	合格
3	1.41	2	合格	226.8	220	不合格	46.88	50	合格	75.52	75	合格
4	1	2	合格	227	220	不合格	47	50	合格	79.94	75	合格
5	1.58	2	合格	197.7	220	合格	46.63	50	合格	66.71	75	不合格
6	1.6	2	合格	196.36	220	合格	44.25	50	合格	76	75	合格
7	2.37	2	不合格	122.26	220	合格	47.13	50	合格	57.63	75	不合格
8	2.09	2	不合格	110.56	220	合格	46.63	50	合格	66.26	75	不合格
9	1.22	2	合格	115.1	220	合格	46.5	50	合格	83.67	75	合格
10	1.42	2	合格	117.22	220	合格	39.88	50	合格	82.58	75	合格
11	1.4	2	合格	118.96	220	合格	44	50	合格	82.63	75	合格
12	1.69	2	合格	180.72	220	合格	42.75	50	合格	76.47	75	合格
13	1.62	2	合格	140.5	220	合格	36.4	50	合格	90.32	75	合格
14	1.69	2	合格	101.0	220	合格	36.0	50	合格	92.49	75	合格
15	1.06	2	合格	200.0	220	合格	39.0	50	合格	89.65	75	合格
16	3.93	2	不合格	86.3	220	合格	39.7	50	合格	90.09	75	合格
17	1.26	2	合格	182.8	220	合格	38.2	50	合格	89.55	75	合格
18	1.39	2	合格	178.4	220	合格	36.9	50	合格	89.41	75	合格
19	1.6	2	合格	242.3	220	不合格	36.9	50	合格	84.3	75	合格
20	1.82	2	合格	232.4	220	不合格	39.8	50	合格	83.3	75	合格

续表

序号	空气系数			排烟温度/℃			炉体外表面温度/℃			热效率/%		
	实测值	限定值	测试结果	实测值	限定值	测试结果	实测值	限定值	测试结果	实测值	限定值	测试结果
21	2.2	2	不合格	218.4	220	合格	41.2	50	合格	83.6	75	合格
22	2.16	2	不合格	197.5	220	合格	35.8	50	合格	83.7	75	合格
23	1.55	2	合格	274.3	220	不合格	38.4	50	合格	82.8	75	合格
24	1.75	2	合格	218.2	220	合格	43.3	50	合格	84.8	75	合格
25	1.95	2	合格	233.6	220	不合格	39.1	50	合格	82.4	75	合格
26	1.72	2	合格	252.9	220	不合格	41.8	50	合格	82.8	75	合格
27	2.1	2	不合格	193.2	220	合格	44.2	50	合格	84.5	75	合格
28	1.69	2	合格	187.6	220	合格	38.7	50	合格	87	75	合格
29	1.91	2	合格	231.5	220	不合格	43.7	50	合格	82.7	75	合格
30	1.71	2	合格	196.3	220	合格	42.5	50	合格	86.5	75	合格
平均值	1.72	—	—	184.34	—	—	41.74	—	—	81.86	—	—
合格数/台	24			22			30			27		
合格率/%	80			73.33			100			90		
综合合格数/台	16			—			—			—		
综合合格率/%	53.33			—			—			—		

1）由表 3-7 可知过量空气系数合格率为 80%。根据监测结果，加热炉空气系数平均值为 1.72，其中 6 台加热炉过量空气系数高于加热炉的过量空气系数限定值，如图 3-10 所示。

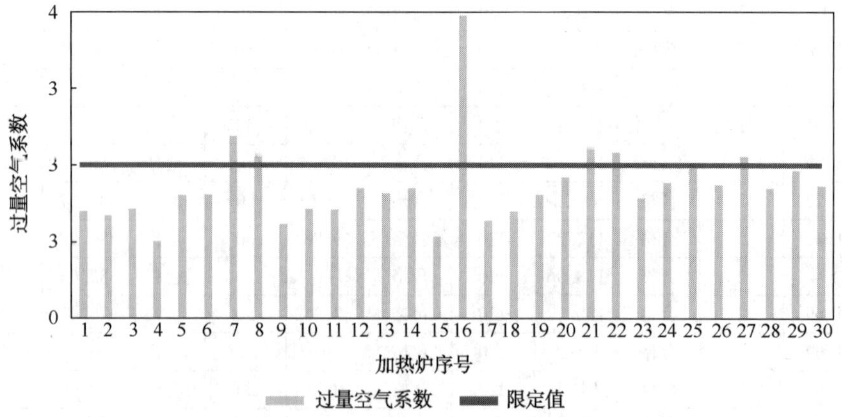

图 3-10　加热炉过量空气系数达标情况曲线图

2）排烟温度合格率偏低为 73.33%。根据监测结果，加热炉排烟温度平均值为 184.34℃，其中 8 台加热炉排烟温度高于限定值，排烟温度较高会造成大量热量浪费、运行热效率降低，如图 3-11 所示。

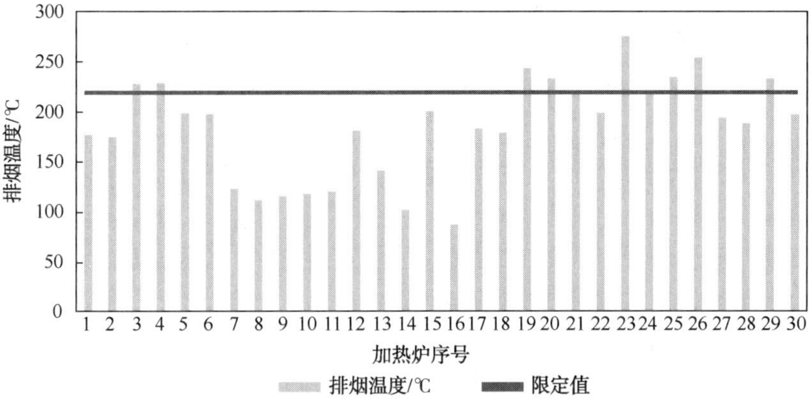

图 3-11　加热炉过量空气系数达标情况曲线图

3）炉体侧表面温度合格率为 100%。根据监测结果，炉体侧表面温度平均值为 41.74℃，整体较高，炉体侧表面温度较高会造成大量热损失、使加热炉运行效率较低，如图 3-12 所示。

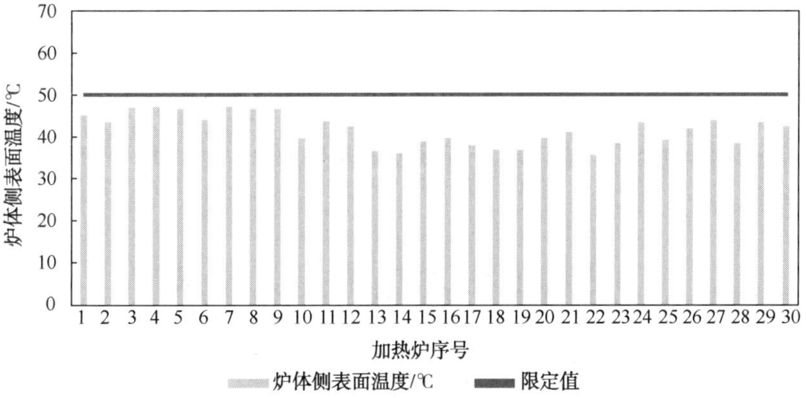

图 3-12　炉体侧表面温度达标情况曲线图

4）热效率合格率为 90%，达到节能值的加热炉占 73.33%。根据监测结果，加热炉平均值为 81.86%，加热炉的热效率受多种因素的影响，主要包括过剩空气系数、排烟温度、炉膛温度、炉膛负压、炉内灰垢、使用时间等，如图 3-13 所示。

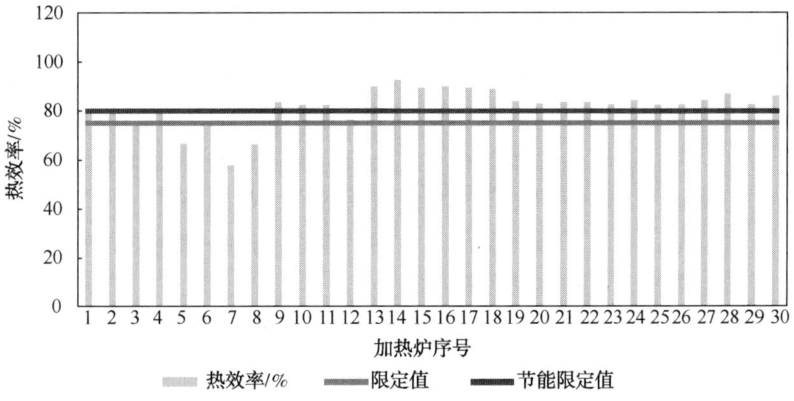

图 3-13　加热炉热效率达标情况曲线图

3.4.3 存在问题

根据加热炉的运行状况能效测试结果分析，确定造成加热炉运行热效率低的原因主要有：

1）过量空气系数合格率偏低。该油田加热炉现在都采用全自动燃烧器，燃烧器的燃料和空气配比全是设定好的，在刚投用时，满足生产需求，但随着油区液量、温度的变化，需求热量产生变化，而燃烧器却不能在最佳工况运行，使空燃比不合理，大多是空气量偏大，造成烟气中氧含量高，使过量空气系数不合格。

2）排烟温度合格率偏低。主要可能的原因是在燃烧器自动配风不适合当时工况，炉膛大量热没有来得及换热就被送出烟道；同时，炉膛的维护也很重要，长期的积灰和烟垢也造成换热效率差。

3）加热炉烟道尾部底座防爆门关闭不严。本次测试的加热炉过量空气系数大多不合格，除了存在燃烧器配风不是最优化的原因外，还有可能是烟道底座防爆门漏风，造成测试含氧量偏大。

4）存在部分设备使用年限长、设备老化严重现象。该油田目前存在部分加热炉陈旧老化，且部分加热炉因客观条件限制，使用水质不达标，腐蚀、老化严重，运行安全隐患大，燃料消耗大，热效率低。

5）随着开发时间的延长，老区块产量逐步递减，部分油气站场处理液量减少，造成加热炉负荷率降低。

3.5 油田加热炉提效技术

加热炉是油田生产的主要耗能设备，如何提高加热炉能效一直是油田节能管理工作重点关注的问题。本节主要论述改进燃烧器、节能燃烧技术、余热回收技术、涂料、除垢阻垢和控制技术等加热炉提效措施。

3.5.1 高效节能燃烧器

3.5.1.1 高效节能燃烧器工作原理

（1）全自动节能燃烧器工作原理

早期油田加热炉大都使用简易型燃烧器，没有相应的闭环控制功能，在运行过程中不能对其主要运行参数（如燃料与空气量的配比、燃料油温度、油压和燃烧负荷等）进行有效控制，易产生结焦、积炭、爆燃、冒黑烟等现象，安全性能较差。由于不能根据生产需要自动调节燃烧工况，造成加热炉燃烧不完全、能源消耗量大、热效率低。为了降低能耗，实现加热炉高效运行，油田先后引进了国外全自动节能燃烧器，这些燃烧器具有自动化程度高、燃烧效率高、操作安全方便、节约燃料等特点。

全自动节能燃烧器油箱中的原油经油泵加压至规定的压力后，通过高压油管送至喷嘴，使原油与从风门进入的空气混合并以雾状喷出，经点火变压器放电产生的电火花点火而燃烧。由于原油在温度较低的情况下黏度很高、流动性差、不易雾化和燃烧。因此，必须对原油进行加热以降低其黏度，使之易于流动、雾化和燃烧。

（2）全自动比例调节燃烧器工作原理

1）燃烧系统结构。

燃油时，在燃烧机马达驱动下，燃油齿轮泵将燃油送入油计量阀体，调节至一定流量后，送入高速旋转的转杯根部，在离心力的作用下，燃油在转杯内表面形成油膜，并被高速甩出杯口，由组合风机送来的一次风以高速逆向于雾化杯方向进行旋转，剪切油膜，使油雾化，再由组合风机送来的二次风调控适当的风油比例，并在整个燃烧过程中保持，从而达到完全燃烧的目的。燃气时，气体燃料通过风箱门板的连接器引到二次喷嘴内的环形气体喷嘴里，由组合风机送来的高速一次风保持火焰长度，使燃料与空气在火焰中得到充分混合，同时组合风机又能提供二次风作为助燃空气。在整个过程中，燃气调节装置始终把助燃空气与燃气保持比例燃烧。油气混烧时，先启动燃油系统，待油燃烧状态稳定后，再启动燃气系统，气体燃料与二次风初步混合后在一次风作用下再与油雾边混合边燃烧。主燃料点火燃烧后，对燃烧工况进行调整，确定好在调节范围内的主燃料输出量与一次风、二次风的匹配关系，调制马达通过联动装置，实现空气与燃料比的自动跟踪调节，使燃烧工况始终处在最佳状态。

2）自动控制系统。

为使燃烧器高效安全运行，自动控制系统具有三部分功能。一是自动点火，熄火保护。点火和停火实现程序化，保证操作无误，方便安全。二是适时监测控制，实现控制燃烧。根据不同的加热炉来液、不同的工艺要求调整负荷与燃料比，使燃料量随加热炉负荷的变化自动跟踪调节。三是调整燃烧器的燃烧速率，进行燃料/空气定量比例控制，实现最佳空燃比。

（3）常用高效燃烧器类型

1）自然通风型燃烧器。

自然通风型燃烧器在配风方式上采用自然通风，主要特点：①采用先进的可编程序控制器（PLC）和触摸屏替代了以往的常规智能仪表，利用编写程序进行逻辑控制，大大提高了控制系统的控制精度、可靠性及稳定性；②经过严密的计算和大量的试验之后，将一次风道、二次风道、电动执行器三者整合为一体，进行同步配比，优化空燃比，从而保证燃烧器的最佳燃烧状态。通过试验应用证明，无论热负荷大小，该种燃烧器燃烧的火焰都非常稳定，点火不回火、火焰向前推力大、刚性好、不烧炉管。自然通风型燃烧器如图 3-14 所示。

图 3-14　自然通风型燃烧器

2）强制鼓风型燃烧器

强制鼓风型燃烧器在配风方式上采用强制鼓风，该系列燃烧器的全自动控制系统分为两部分，一部分在燃烧器的本体上，该部分的控制电路主要用于本体控制，能实现本机元器件的现场连锁控制；另一部分在控制室内的控制盘上，主要应用于远程操作控制和外部信号连锁控制，其控制元器件都集中在室内的控制盘上，主要由 PLC、触摸屏和外设电路组成。强制鼓风型燃烧器如图 3-15 所示。

图 3-15　强制鼓风型燃烧器

3.5.1.2　节能应用效果

根据全自动燃烧器改造技术节能改造后可以实现的加热炉指标值，其中过量空气系数可设为 1.05~1.15，通过指标计算公式估计加热炉热效率可提高 5%以上，结合当前油田加热炉的能源利用情况，对该油田加热炉设备优化措施的应用效果进行检测，具体情况如图 3-16 所示。

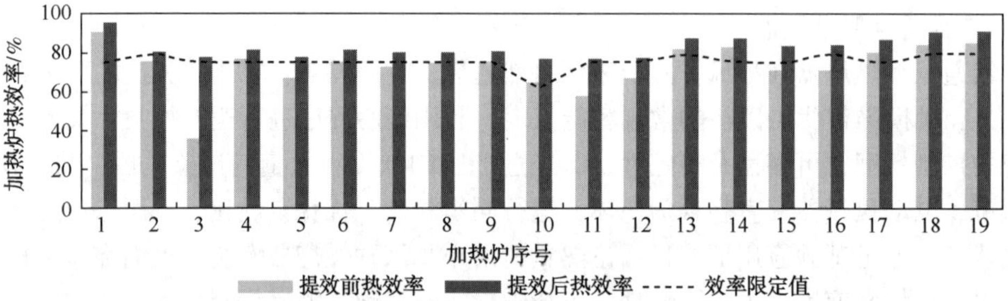

图 3-16　全自动燃烧器改造技术节能效果

3.5.2　节能燃烧技术

3.5.2.1　节能燃烧技术原理

（1）燃料添加剂节能技术原理

在燃料中掺入添加剂可改善加热炉燃烧状况，提高热效率，减少环境污染的有效措施。目前世界各国都在研究新型燃料添加剂，而且已研究出多种节能产品，由于种类、成分不同，功能和效果也不尽相同，但总的目标都是促进燃料完全燃烧。

一些燃油使用中存在的主要问题是黏度大、胶质含量多、流动性差。此外，燃油中的重组分燃点较高，燃烧状况不好，喷嘴易结焦，未燃重组分往往滴下成焦，影响燃油雾化。燃料添加剂是一种高度浓缩的油溶性燃烧促进剂，掺入燃油中能起到以下作用：

1）能改善燃油的流动性，并对燃油起着氧化促进作用，在燃烧时能与残留在燃烧室内的残碳作用，使之燃尽，减少积炭灰，有助于传热。

2）燃料添加剂中含有抗氧化剂及降凝剂等，能有效阻止析出的蜡晶聚成网状物和沥青质沉淀的化合物。

3）由于燃油中含有硫化物和水，往往形成硫酸，造成对设备的低温腐蚀。燃料添加剂中的组分能使硫酸生成硫酸盐，从而可防止低温腐蚀。

4）燃油中的钠和钒会产生高温腐蚀。掺入燃料添加剂后，该助燃剂中的组分能同燃油中的钒钠化合物形成高燃点的络合钒酸盐。这种化合物不易溶蚀，从而能防止对炉子的高温腐蚀。同时它干而脆，易被清除。

5）燃料添加剂中含有界面活性剂，对燃油中的水分起纯化作用，使燃油火焰稳定，能减少喷嘴积炭。

燃料添加剂的作用机理因其类型不同而异。有灰型燃料添加剂主要通过金属功能元素的催化作用，如变价金属化合物的电荷转移作用，主族元素的电子发射作用，燃油分子和氧的活化吸附作用以及对碳烟前身物的催化加氢作用等产生助燃、消烟、除积炭和节油功能。无灰型燃料添加剂则主要是通过整体分子在高温下分解产生活性自由基，对燃料氧化燃烧，使其产生具有催化助燃和节能助燃的作用。

（2）膜法富氧燃烧技术原理

膜法富氧燃烧技术被发达国家称为“资源的创造性技术”，该技术是指利用空气各组分透过高分子复合膜时渗透速率的不同，在压力差驱动下，将空气中的氧气富集起来获得富氧空气的技术。我国相关研究人员早在1989年就开发出“局部增氧”“梯度燃烧”和“对称燃烧”等高新助燃技术，使用富氧量仅为所需空气量的1%~3%，而原来鼓风量和引风量均有所下降。经过多年的摸索与不断完善，有关技术和系统均已成熟，目前已推广至包括燃油、燃煤和燃气窑炉等多个领域，作为一种节能新技术，在油田加热炉中也逐渐得到应用，社会效益和经济效益十分显著。

膜法富氧燃烧节能技术是一个技术体系，主要包括膜法富氧体系分离技术、富氧发生器以及富氧助燃装置等。

膜法富氧体系分离技术，是通过采取相应的措施把氧气分离、富集、浓缩、纯化和净化，来满足生产需要的一种高新技术。一般来讲，一切气体对所有高分子膜，在一定压力下都具有渗透通过的能力，借助空气中各元素在膜中渗透能力（由大到小依次为H_2、He、CO_2、O_2、Ar、CO、CH_4、N_2）不同这一特性，根据需要选择适当的膜，制成专一富集“某”种气体的发生器。

富氧发生器就是膜法富氧体系分离技术的一种应用，它是专为提高空气中氧气浓度而设计的装置。首先把“富氧膜”制成膜组件，再根据不同富氧空气需要量，选用适当数量的膜组件，组装成富氧空气量大小不一的膜法富氧发生器。

富氧燃烧装置把膜法富氧发生器与加热炉燃烧器结合在一起，给炉膛进行局部有效增氧助燃。它包括膜法富氧发生器、富氧空气喷嘴、工艺管汇等。

(3) 聚能加热技术原理

聚能供热技术利用拉瓦尔管流动原理，用离心泵将液体介质加速到亚声速，压力升高至0.8MPa，亚声速液体介质在拉瓦尔管收缩段高速旋转加速，至喉道(即管中横截面最小处)达到声速，进入扩张段成为超声速流压力突然降低，发生爆裂，形成气水混合的微小气泡，即为空穴现象。携带微小气泡的高速水流继续前行进入聚能管，压力突然升高，微小气泡互相碰撞挤压，产生热量。同时由于压力升高，气体压缩，蒸汽凝结，原微小气泡中心的温度急剧上升，液体介质进一步被加热。当液体介质流过拉瓦尔管后进入储液罐，一部分在压力的作用下出装置进入暖气管线，另一部分被离心泵抽回，再次进入拉瓦尔管进行加热，流经拉瓦尔管一次平均温度可提高0.8℃。

3.5.2.2 节能应用效果

多数油田应用膜法富氧燃烧技术后均有显著的节能效果，其中某油田加热炉在应用该技术后效率可提高近7%，提效结果如图3-17所示。

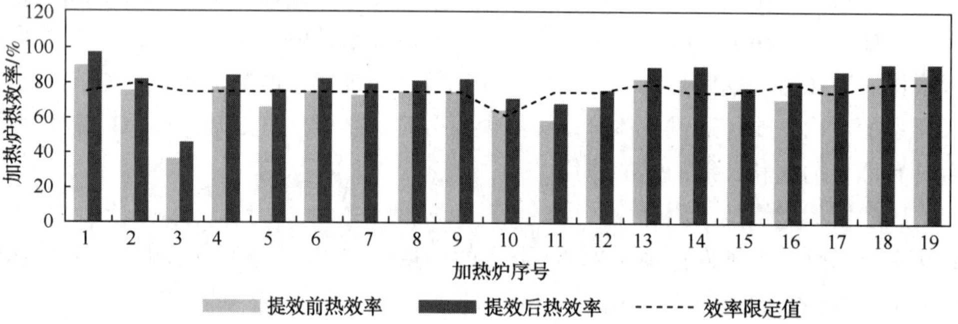

图3-17 膜法富氧燃烧技术提效效果

根据图3-17可看出，大多数加热炉在应用该项技术后都能达到一个合格运行状态，而对于热效率远低于标准限定值的加热炉，在应用该项技术后其热效率虽然明显提升，但仍然达不到标准限定值，因此对于此类加热炉，还应从其他方面对加热炉采取提效措施，如改进燃烧器等。

3.5.3 余热回收技术

3.5.3.1 余热回收技术原理

(1) 水热媒空气预热器技术原理

水热媒空气预热器主要由烟气换热器、空气换热器、二台热水循环泵(一开一备)及相应的循环水管道等组成。水热媒空气预热器是利用带压的除氧水作为热媒，在一个封闭或开放式热交换系统中，吸收烟气中的余热，用于预热加热炉助燃空气或工艺介质，往复循环。水热媒空气预热器由烟气换热器、空气换热器、热水循环泵以及相应的连接管路组成。热媒水通过放置在加热炉对流室出口的烟气换热器将烟气的热量吸收，同时通过布置在鼓风机出口的空气换热器放出热量，加热助燃空气，如此循环，将烟气热量源源不断传给助燃空气。

为防止烟气换热器发生低温酸露点腐蚀，在空气换热器热媒水进、出口管道之间，设置旁路调节阀，用于控制空气换热器换热量，保证进烟气换热器的热媒水温度高于露点温度，即烟气换热器的最低壁温高于酸露点(一般设计温度值为130~145℃)。

(2) 板式空气预热器技术原理

板式空气预热器的主要传热部件是薄钢板，多个薄钢板一起焊接成长方形的盒子，然后数个盒子拼成一组，板式空气预热器就由2~4个钢板焊接盒子组成。薄钢板可以是平板，也可以是冲压成各种形状的波纹板，板材质可根据烟气温度及烟气腐蚀状况进行选择。烟气由上向下通过，经过盒子外侧，空气则横向通过盒子的内部，在下部转弯向上，两次与烟气交互传递能量，使烟气与空气形成逆向流动，获得较好的传热效率。板式空气预热器结构形式相对管式空气预热器和热管式空气预热器有更高的换热效率，并且节省占地空间，利于设备布置，特别适合大型装置采用。

(3) 热管换热技术原理

热管是20世纪60年代发展起来的具有特别高的导热性能的传热元件。壳体采用金属管，内部贴附丝网状吸液芯，利用毛管力使工作液体在吸液芯内不受热管位置的限制而移动。壳体两端封死，封死之前先将管内抽真空，灌入适量的工作液。工作时，蒸发段的工作液被热管外的热流体加热，吸取潜热蒸发，其蒸气经绝热段流向凝结段。在凝结段，工作液蒸气被冷却凝结为液体放出潜热。释放出来的潜热通过管壁传递给热管外面的冷流体。积聚在凝结段吸液芯的凝结液借助吸液芯毛管力的作用返回到蒸发段再吸热蒸发。工作液的这种循环就把热量从蒸发段传递到凝结段。利用其原理可以用来吸收烟气中的余热，用来生产热水或预热空气，从而达到回收余热的目的。

热管是一个内部抽成高度真空并有适量高纯度工质的密封管。工作时，管内工质吸热蒸发汽化，至冷端冷却放出热量而凝结。由于热管是以工质相变方式传递热量，因传热性能极好，是现代传热效率较高的传热元件。热管换热器由于其高温端与低温端分属不同区间，不存在低温腐蚀，因此从根本上解决了换热器的使用寿命问题。

用热管组装而成的热管式换热器，结构主要包括热管束、隔板和外壳三大部分。三者组成了烟气和空气的通道。隔板将热管的蒸发段和冷凝段隔开，同时也将烟气通道和空气通道隔开。由于烟气侧是负压，空气侧是正压，所以隔板与热管之间的密封必须十分严密，否则空气会大量流入烟气道，使实际热效率大大降低。热管换热器如图3-18所示。

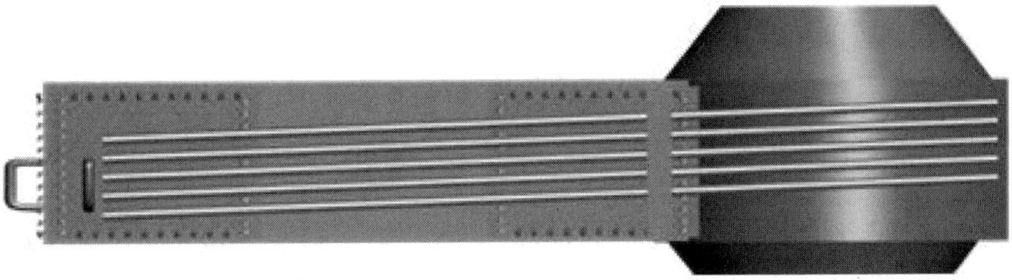

图3-18 热管换热器

3.5.3.2 节能应用效果

为了更清晰地看出对油田加热炉排烟温度的改造效果，对上述采用余热回收技术的节能方案绘制节能效果如图 3-19 所示。由图 3-19 可明显看出加热炉经提效后热效率均有所提高，且均能达到标准限定值，说明该方案的提效成果显著。

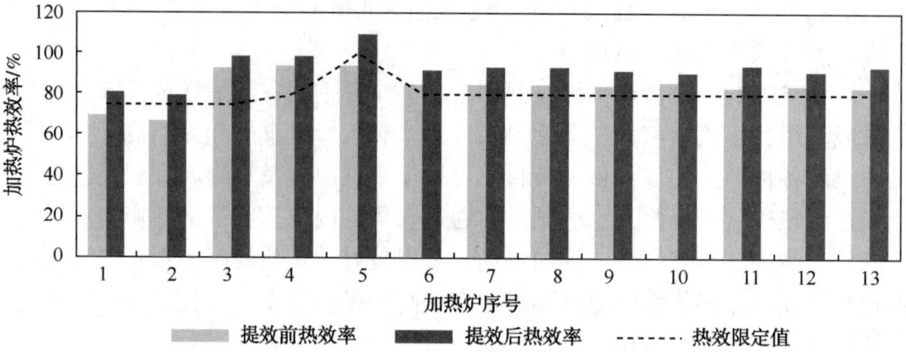

图 3-19　余热回收技术节能效果

3.5.4　远红外涂料技术

3.5.4.1　远红外涂料技术原理

利用辐射传热的特点，将远红外辐射涂料涂刷在加热设备的受热面，提高受热面的辐射系数、强化传热过程、提高加热设备效率、节约能耗。远红外涂料的高辐射性物质由多种过渡族金属氧化物、碳化物等组成，黏结剂为无机磷酸盐溶液。近年来，远红外涂料在油田得到了大量的应用，取得了明显的节能经济效益。

各种加热设备虽然实现加热的方式不同，但基本原理是一致的，即都是通过高温介质加热需要加热的对象。加热炉内烟气向受热面传递的总热量由辐射热、对流热和传导热三部分构成，总的传热过程可以认为是三种传热过程互相独立、互不影响单独过程的叠加。

对于加热炉这种特定的换热系统，烟气的黑度受燃料种类及燃烧状态的影响，可认为是固定值，而受热面黑度受壁面条件的影响，是可以人为改变的。远红外涂料的作用就是增大受热面的吸收率，增大辐射换热量，从而增大换热强度、节约燃料，达到节能的目的。

远红外线加热技术的开发已经有几十年的历史，特别是在最近二十年，该项技术的发展十分迅速，应用范围也越来越广。据有关报道，国内节能涂料最高发射率已经超过 90%。远红外涂料主要作用如下：

1）提高炉壁辐射性能。

当在炉壁上涂覆远红外辐射节能剂后，炉体辐射率显著提高，使得炉壁的辐射能力增加，换热管道从炉壁获得的辐射能大大提高，这样就提高了对能源的利用率，从而达到节能的目的。

此外，加热炉保温用的耐火纤维本身存在大量孔隙，热量较容易通过这些孔隙散失，而远红外辐射节能剂是由远红外粉和具有良好耐热性能的结合剂调和而成，成膜后形成良好的绝热层，阻挡热量散失，可以达到节能目的。同时，也可以有效保护耐热纤维。

2）提高加热炉内管吸热能力。

在加热炉内管喷(刷)涂远红外吸热涂料，该涂料与辐射剂产生的热能能谱分配规律相协调，具有极强的吸收外部辐射热能的能力，从而提高炉管的热能吸收率，提高加热炉热效率。

3.5.4.2 节能应用效果

现场对 15 台油田应用加热炉进行远红外线涂层。经现场检测，加热炉涂刷远红外涂层后，排烟温度 110°，空气系数 1.55，热效率 80%；改造前排烟温度 165℃，空气系数 2.76，热效率 75%。加热炉炉效平均提高 5%以上。

3.5.5 除垢阻垢技术

油田原油集输、掺水、热洗系统中加热炉结垢现象严重，结垢造成的主要危害：水垢的导热系数很小，使加热炉热效率降低，燃气消耗量增加；结垢造成管材的局部过热，引起炉管鼓包变形；结垢不均匀产生的供氧浓差电池造成垢下腐蚀；结垢引起管路特性曲线改变，影响油田集输工艺的正常运行。

油田加热炉的除垢阻垢技术主要分为化学法和物理方法。虽然化学方法防除垢卓有成效，但增加了排水中的化学物质，这不仅污染水体、浪费水源(如酸洗)，还影响生产、生活。与此同时，这也与“不投药、不排污、不化验、不监督”的理想除垢阻垢理念相悖，所以物理方法得到越来越广泛的应用。

3.5.5.1 除垢阻垢技术原理

(1) 超声波除垢阻垢技术原理

超声波除垢阻垢是近年来迅速发展的一种技术。所谓超声波是指频率高于 20kHz 的机械波，它具有传播方向性好、穿透力强、在固体和液体中传播衰减小等优点。超声波阻垢与除垢技术实现了阻垢与除垢的连续在线操作，具有良好的应用前景。

超声波在溶液中传播时，可引起液体分子间距离的变化，使分子内聚力大大减小，从而导致溶液的表面张力和黏度显著降低，可缩短成垢盐的结晶诱导期，增大其成核速率。这样，成垢盐的阴、阳离子就很容易在溶液主体中直接结合生成晶体。同时，超声波对溶液介质的空化作用，可使液体内产生空穴，其破裂时产生的强大压力峰能够将已析出的成垢盐晶体粉碎成细小的颗粒悬浮于介质中，易于随液流流走。另外，随着溶液介质的变化，超声波的传播会产生一定的速度差，从而在界面上形成剪切应力，导致晶体分子与界面间的结合力减弱，达到防止成垢盐晶体附着在设备或管路壁上的目的。

超声波的除垢作用主要是由超声空化作用以及因此而产生的高速微射流冲击作用引起的。超声波的机械效应可以增加固、液界面的湍动程度，在界面上产生浓度差，强化溶液向固体表面的扩散和晶体粒子从固体表面剥离的过程。固体表面上已有的垢受到侵蚀，物理性状得到改变，从而变软、变疏松，容易清洗甚至自行脱落下来。同时，高速微射流使振动气泡表面处在很高的速度梯度和粘滞应力下，这种应力也足以破坏固体表面的垢层而使其脱落。

(2) 电场除垢阻垢技术原理

电场除垢阻垢技术的出现晚于磁场技术。但由于电子电器工业的快速发展，电场除垢阻垢技术的发展势头已超过了磁场处理技术。目前国内外电场除垢阻垢技术大致分静电场、电流场的微电解以及高频电场 3 种类型。

静电场除垢阻垢的原理主要是静电场效应。水分子是一种偶极子，在较强的静电场中，它们首尾相接，顺序排列，就像介质在电场中极化一样。当无数偶极子之间混入大量钙镁离子和各种酸根等正负离子或极性化合物时，由于电荷的正负端或离子间产生互相吸引，产生了水合作用，形成具有一定数目配位水分子的水合离子，使钙镁等离子处于水分子的包围中，不易形成水垢。另一方面，水合作用可以增强其溶解能力，使老垢逐渐松散、剥落，达到除垢的目的。

在微电解的条件下，离子定向运动和有效碰撞能产生高压静电场的效果，同时电极表面能催化产生活性水。微电解电场的主要作用：向水中溶解的离子和极性的水分子施加电场力，使它们定向运动；改变水中微小颗粒与水体的界面电位，使粒子的水合程度和相互聚集的状况发生变化；改变水分子自身的状态和水分子间的缔合程度等。电流场的微电解的除垢阻垢机理有两种：一种是在常温下使水质稳定，增加水的溶解能力，减少结晶，把离子或胶体颗粒稳定在水溶液中；另一种是在高温下持续处理提供晶核种子，促进水中的积垢成分形成松散的泥渣沉于水底。这两种作用相反，但都能达到除垢阻垢的效果。

高频电场除垢阻垢原理是运用现代电子技术和分子表面能量重新排列技术，使水体吸收高频电磁能量后，在不改变原有化学成分的情况下，使水中钙镁离子无法与碳酸根结合成碳酸钙及碳酸镁等，从而起到防垢作用。由于水体吸收大量被激励的电子，与盐的正负离子亲合能力增大，从而使管壁上原有的水垢逐渐松软以至脱落，达到有效的除垢效果。它既有静电处理的杀菌灭藻功能，又有磁化处理的防垢作用。

(3) 化学防垢除垢技术原理

化学防垢方法，即通过加入阻垢剂达到防垢、除垢的目的。站场建有加药间、储药间，通过加药装置(主要部件为隔膜计量泵或柱塞计量泵)将阻垢剂加入加热介质管道，阻垢剂主要用螯合分散剂，最常用的是 HEDP、HPMA，加药浓度通常为 $5\times10^{-6}\sim10\times10^{-6}$。阻垢剂通过晶格畸变作用、增溶作用、静电斥力作用、分散作用以及清垢作用达到防垢效果。

3.5.2.2 节能应用效果

以一台额定热负荷 1.2MW、运行负荷率 75%、年运行时间为 300 天的油田加热炉为例，新炉子运行一年后，其受热面平均结垢 2mm。结垢会使这一年内的能耗上升 3.4%左右。如果不及时清理，第二年随着结垢厚度的增加，对于运行热效率低、承压件还可正常使用、通过清淤清垢无法使运行热效率提高到 85%以上的加热炉。改造后的加热炉从使用效果上与新设备一致，具有换热性能好、保温性能好、燃烧性能好、烟囱散热损失小等优点，加热炉运行热效率将大幅提高。

3.5.6 优化控制技术

油田生产中部分加热炉在运行过程中存在温度控制精度低、能耗大、容易引发事故等问题。如果安装加热炉计算机自动控制系统，采用工业计算机和工控模块组件对燃烧器进行控制，就能实现恒温、无人值守、高精度的自动化控制模式，大大提高加热炉运行参数控制精度，消除安全隐患，提高生产管理效率。由于生产管理的需要，必须记录加热炉整个过程的运行数据，计算机自动控制系统包含了数据维护子系统，用于实现数据的存储、数据记录自动跟踪、数据曲线的绘制、图表统计、各种报表打印功能。

3.6 本章小结

确定了油田加热炉能效评价指标，分别为加热炉热效率、过量空气系数、排烟温度、炉体侧外表面温度。通过油田加热炉运行情况及测试数据，发现油田加热炉普遍存在排烟温度高热损失大、运行负荷率较低、空气系数不达标造成燃烧不经济、设备使用年限较高、自动化水平低的问题。针对上述问题提出了高效节能燃烧器、节能燃烧技术、余热回收技术、远红外涂料技术、除垢阻垢技术和优化控制技术等加热炉提效措施。通过以上技术可以提高加热炉热效率、使加热炉科学合理的运行，从而达到节能降耗的目的。

4 油田机泵能效评价及提效措施

油田机泵作为原油集输注水系统的主要动力设备，其用能情况的优劣直接影响着集输系统的可靠性。本书介绍了油田机泵的分类及工作原理，根据有关标准介绍了油田泵机组的节能监测项目、节能监测测试方法以及节能评价方法等，通过对油田机泵能效影响因素进行分析确定了油田机泵能效评价指标，通过对油田机泵综合能效进行分析，提出相应的提效技术，为泵机组的运行安全性、经济性、环保性提供了可靠依据。

4.1 油田机泵分类及工作原理

4.1.1 油田机泵分类

泵的种类有很多，按作用原理分可分为叶片式泵、容积式泵和其他类型泵三大类。叶片式泵：它依靠工作轮高速旋转，通过叶片与液体的互相作用，将能量传给液体，如离心泵、混流泵、轴流泵、旋涡泵等。容积泵：它是利用工作室容积周期性的变化来实现流体的增压与输送，如活塞(柱塞)泵、齿轮泵、螺杆泵、隔膜泵等。其他类型泵：包括只改变液体位能的泵，如水车等；利用液体能量来输送液体的泵，如喷射泵、水锤泵等；依靠电磁力的作用来输送液体的泵，如电磁泵等。泵广泛应用于油气生产的各个工艺过程中，主要有离心泵、往复泵和螺杆泵。所用泵常按用途冠以相应的名称。油气集输工艺中，采用离心泵或螺杆泵机组输送油、水或油气水混合物，称为输油泵或混输泵。

4.1.2 油田常用的机泵工作原理

4.1.2.1 离心泵工作原理

以单级离心泵为例，离心泵主要由叶轮、泵壳、导轮、轴、轴承、密封装置及轴向力平衡装置组成。离心泵是基于离心力原理工作的。离心泵开始工作后，充满叶轮的液体，由弯曲的叶片带动高速旋转，在离心力的作用下，液体沿叶片间的空间所形成的流道，由叶轮中心甩向边缘，再通过螺形泵壳(简称螺壳或蜗壳)流向排出管。随着液体的不断排出，在泵的叶轮中心形成真空，在大气压力作用下，吸入池中液体源源不断地流入叶轮中心，再由叶轮甩出，形成均匀平稳的液流。单级离心泵装置结构如图 4-1 所示。

泵的叶轮把泵轴的机械能传给液体，变成液体的动能和压能；泵的螺壳的作用是收集从叶轮甩出的液体，并引导到排出口的扩散管，由于扩散管的断面是逐渐增大的，就使得液体流速平缓下降，把部分动能转化为压能，在吸入管与排出口的扩散管处分别装有真空表和压力表，以了解泵的工作情况。

在泵壳顶部装有漏斗，用以在开泵前向泵内灌水(对于泵的轴心线高于吸入池液面的情况)。泵的吸入管下端装有底阀(单向阀)及滤网，起过滤作用，安装底阀在开泵前灌泵时能防止液体倒流入吸液池。排出管上装有用以调节流量的阀门。

4.1.2.2 往复泵工作原理

往复泵由动力端(驱动部分)和液力端(水力部分)两大部分组成。动力端由齿轮、传动轴、主轴(曲轴)、曲柄连杆机构、十字头、壳体(底座)等组成。液力端由往复泵缸体、活塞、吸入阀、排出阀、阀室、吸入管、排出管、活塞杆及其他零件组成。工作时，发动机通过皮带、齿轮等传动部件带动泵的主轴旋转，当曲柄以角速度 ω 从水平位置按逆时针方向开始旋转时，活塞向右移动，缸内形成负压，吸液池中的液体在液面上压力(通常为大气压)的作用下，推开吸入阀，进入缸内，直到活塞移到最右边位置为止。这一工作过程，称为泵的吸入行程。当活塞移到最右边位置(曲柄转过 180°)后，活塞开始向左移动，液缸内液体受挤压，压力升高，吸入阀关闭，当压力升高到高于排出管中的压力时，排出阀被挤开，液体被活塞推出，经由排出阀和排出管进入排液池。这一工作过程，称为泵的排出行程。图 4-2 为卧式单缸单作用往复式活塞泵的装置结构简图。

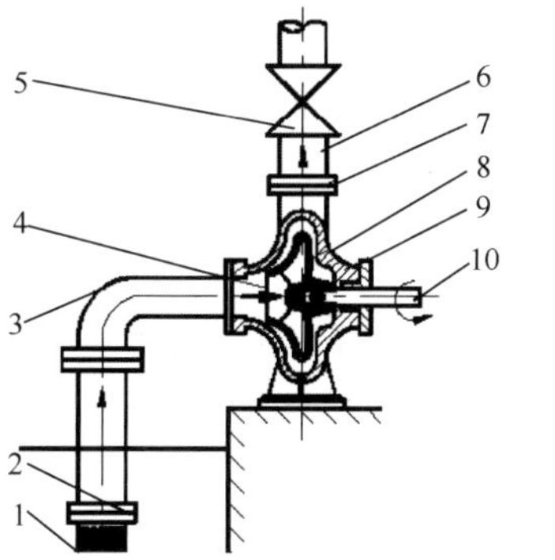

图 4-1 单级离心泵装置结构简图

1—滤网；2—底阀；3—吸入管；
4—吸入口；5—调节阀；6—排出管；
7—排出口；8—叶轮；9—泵壳；10—泵轴

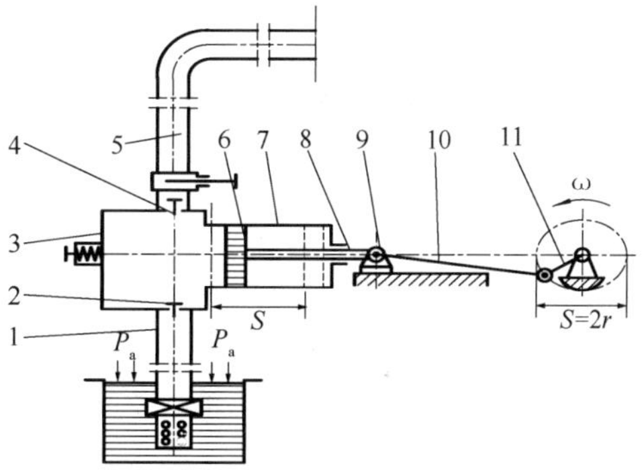

图 4-2 往复式活塞泵装置结构简图

1—吸入管；2—吸入阀；3—阀室；4—排出阀；
5—排出管；6—活塞；7—缸体；8—活塞杆；
9—十字头；10—连杆；11—曲柄

4.1.2.3 螺杆泵工作原理

螺杆泵属于容积式泵。当螺杆传动时，吸入腔一端的密封线连续地向排出腔一端作轴向移动，使吸入腔的容积增大，压力降低，液体在压差作用下沿吸入管进入吸入腔。随着螺杆的转动，密封腔内的液体连续而均匀地沿轴向移动到排出腔，由于排出腔一端的容积逐渐缩小，即将液体排出。

螺杆泵适合于气、液、固的多相混输，定子和转子形成的容积腔能有效降低输送含固体颗粒介质时的磨损，泵内流体流动时容积不发生变化，没有湍流、搅动和脉动，流量与转速成正比，通过改变转速可实现流量的调节。

4.2 油田机泵节能监测

根据GB/T 31453—2015《油田生产系统节能监测规范》、GB/T 33653—2017《油田生产系统能耗测试和计算方法》、GB/T 16666—2012《泵类液体输送系统节能监测》和SY/T 6422—2016《石油企业用节能产品节能效果测定》等标准对油田泵机组的节能监测项目、测试方法以及评价的规定，为泵机组的运行安全性、经济性、环保性提供了可靠依据。

4.2.1 节能监测项目

根据GB/T 16666—2012《泵类液体输送系统节能监测》以及GB/T 31453—2015《油田生产系统节能监测规范》等标准的要求，油田泵机组主要监测项目：

1）电动机效率；

2）泵效率；

3）泵机组效率；

4）吨·百米耗电量。

4.2.2 测试方法

4.2.2.1 测点布置及测试步骤

（1）测点布置

1）电参数。

将测试仪器按其相序对应接入配电箱电源输入端，正确选择测量方式、接线方式，正确设置电流和电压量程，同步测量电流、电压、功率因数、输入功率等参数。对于高压电动机拖动的泵机组，其测点宜选在计量仪表信号的输入端。

2）泵流量。

应在介质管路上采用流量计测定，且安装环境符合仪表的使用要求。当使用超声波流量计测量时，传感器应安装在上游大于10倍被测管线直径、下游大于5倍被测管线直径的直管段上，安装部位应无污、漆、锈，管内必须充满流体，不应包含有涡状流、泡流。

3）泵吸入、排出压力。

测量点应在距泵进口法兰、出口节流阀连接法兰前后中心线0.5m以内，且压力表引线内不应有死油(液)或空气。

4）介质温度。

测点应布置在管道截面上介质温度比较均匀的位置。

5）介质密度。

在泵管线取样处采取样品，每个样不得小于300mL，每次须取3个样，然后在室内分析测定，取平均值。

（2）测试步骤

测试具体步骤如下：

1）检查测试仪器，应满足测试要求。测试后应对测试仪器的状况进行复核。

2）按测试方案中测点布置的要求配置和安装测试仪器。

3）全面检查被测系统运行工况是否正常，如有不正常现象应排出。

4）参加测试的人员应经过测试前的培训，熟悉测试内容与要求。测试过程中，测试人员不宜变动。

5）宜进行预备性测试，全面检查测试仪器是否正常工作和熟悉测试操作程序及测试人员的相互配合程度。

6）正式测试时，各测试项目应同时进行。

7）测试过程中记录人按照测试要求，认真填写测试记录。测试完毕应由校核人校核并签名。

8）测试人员必须在每次测试后立即向测试负责人汇报该次测试情况。

9）测试结束后，检查所取数据是否完整、准确，对异常数据查明原因，以确定剔除或重新测试。

10）测试结束后，检查被测设备及仪器、仪表是否完好，并记录在原始记录中。将仪器、仪表擦拭干净、装箱。

针对具体的现场检测，有如下步骤：

1）监测人员进入现场后，应与用能单位管理部门负责人协调有关工作任务，明确各自责任和义务，双方负责人（各一名）遇到重要问题应协商解决。参加监测人员必须服从指挥，既有分工，又要相互配合，共同做好测试工作。

2）由用能单位负责操作的安全运行，保证工况稳定，其他事项按照操作规程进行。同时要安排一名熟悉泵电动机线路的电气专业人员，配合电动机参数的测量。

3）用电能综合测试仪测量时，电气专业人员负责将钳式感应器卡在电动机入口端，监测人员现场指导，不可卡错线路和方向。电动机现场监测至少应有两人，一人操作仪器，另一人负责安全监护。

4）其他监测人员到泵选定的测点位置进行准备测试，具体包括以下内容：

① 首先要核对记录和查询泵、电动机铭牌参数。

② 检查了解泵运行状况，测量泵进、出口管道尺寸（外径或内径）D（mm）。

③ 用空盒气压表，测量、记录当地大气压 P（MPa）；用温度计测量环境温度 T（℃）。

④ 要求用超声波流量计的场合，在选定的（进或出口）直管段上安装超声波流量计，并调试正常，若无要求，只需准备对流量计读数即可。

⑤ 用测厚仪测量管壁实际厚度，计算管道实际尺寸。

⑥ 在一切准备工作完成后，开始测试记录：进、出口压力：5~10min 记录一次；泵流量：5~10min 记录（瞬时流量和累计值）一次；监测时间为 30~60min，数据取算术平均值。

⑦ 电动机测试，用电能综合测试仪，测试电动机输入功率、电动机输出功率、电动机负载率、电动机效率。

4.2.2.2 压力测试

需要测量泵吸入、排出压力时，应在进、出口安装压力表，并保证压力表示值准确。如果现场无条件在测试时加装压力表，则可读取现场已安装仪表的示数作为测试数据。

油田泵机组主要采用弹性式压力计进行液体介质的压力测试。压力表的安装地点应力求避免振动和高温影响。安装时，压力表的盘面应垂直放置，取压管口应与被测介质的流向垂直，与管道（设备）内壁平齐，以保证正确取压。测量较高温度介质（如掺水用水、热油）压力时，应加装环形管或其他凝液管，防止弹性元件长期与高温介质接触；测量腐蚀性介质(如含水原油)压力时，应有加装中性液体的隔离容器，并要求中性液体与介质不发生化学反应。

对泵机组的各个参数(电参数、流量、压力)的测试宜在同一时间内进行。当被测对象的主要运行参数波动在测试期间平均值的±10%以内时，则认为达到工况稳定，才可以开始正式测试。测试时，测试人员读取压力表的显示数据，根据具体情况确定读取的次数(可读取3次)和时间间隔，将多次读取的数据取算术平均值作为测试数据。测试完毕后，应卸下压力表，将现场恢复原样。

4.2.2.3 流量测试

1）差压式流量计

差压式流量计的节流装置主要有孔板、喷嘴和文丘里喷嘴等。使用此种流量计进行流量测量时，要求流体不可压缩、在物理学和热力学上是均匀的、单相的流体，流体要充满管道，且管道内的流量不随时间变化，或实际上只随时间有微小和缓慢的变化。差压式流量计不适用于脉动流量的测量，并且要求流体通过差压装置不发生相变。

差压装置应安装在两段有恒定横截面积的圆筒形直管段之间，在此中间不应有障碍物和分支管。用来计算节流件直径比的管道直径 D 值应为上游取压孔的上游 $0.5D$ 长度范围内的内径平均值。该内径平均值至少是在垂直轴线的三个横截面内所测得内径的平均值，而三个横截面分布在 $0.5D$ 长度范围内。在节流件上游至少 $10D$ 和下游至少 $4D$ 的长度范围内，管子的内表面应该保持清洁，没有凹坑，没有沉积物和结垢。对于设置排泄孔和放气孔的管道，在流量测量期间，液体不得通过排泄孔和放气孔，且排泄孔和放气孔最好不要放在节流件附近。节流件在管道中的安装方向，应保证使流体从节流件的上游端面流向节流件的下游端面，节流件应垂直于管道轴线，其允许偏差在±1°之间。节流件应与上下游管道同轴。差压装置安装时对最短直管段的要求应符合相关国家标准的要求。

2）涡轮流量计

涡轮流量计属速度型流量计，由涡轮流量传感器与前置放大器及显示仪表组成，测量精度高，复现性好，尤其适于测量流量较小的泵。

涡轮流量计传感器的位置尽量避开温度高、机械振动大、磁场干扰强、腐蚀性强的环境，选择易于维修的位置安装。传感器应水平安装，壳体上的流向标准方向与流体流动方向一致。传感器的上游侧一般应有不少于 $20D$ 长度的直管段，下游侧应有不少于 $5D$ 长度的直管段。传感器上下游直管段的内径与传感器的内径相差应在传感器内径的±3%之内或不超过5mm。在传感器上游 $10D$ 内或下游 $20D$ 长度内，管道内壁应清洁，无明显凹痕、积垢和起皮现象。当流体中含有杂质时，传感器上游应装有能除去液体中各种杂质的过滤器。安装传感器的各类附件时，其中心线都应对准管道中心线，连接处的密封垫不得突入流体内。传感器应采取不至于引起过分变形和振动的方式安装，以尽量减少管道的膨胀和压缩对传感器的影响。需要测量流体的温度时，应在传感器下游 $5D$ 的长度外测量。传感器与显示仪表之间的连接传输应采用整根屏蔽线，并有外包覆塑料或耐油绝缘层。

3）电磁流量计

电磁流量计为速度式流量计，由传感器和转换器组成，具有传感器前后直管段较短、可在小的空间内测试，以及耐腐蚀性强、磨损小、阻力小等特点，应用范围较广，但仅限于用来测量导电的且非磁性流体。电磁流量计的准确度等级分为0.3、0.5、0.8和1级。

电磁流量计应安装在离任何上游扰动至少 5 倍公称通径（5*DN*）和离任何下游扰动 3*DN* 的直管段中。介质的流动方向应和流量计上所标的方向一致。流量计安装在垂直管道中介质流向由下向上为好，安装在水平管道中在管路的最低处为好。

4）超声波流量计

在油田生产中，泵机组主要输送较高压力的油品、油田水、油水混合物及油田注水用水，这些介质压力一般较高，且多数情况下油田生产不允许停机安装流量计等测试仪器。除了读取现场已安装的仪表外，更多采用超声波流量计测量流量。

采用超声波流量计，要求流体在物理上或热力学上是均匀的、单相的或者可认为是单相的，流体浊度小于 10000mg/L，流速范围为 0.3～6m/s，流体温度宜低于 150°C，环境相对温度不大于 85%。

流量计测量管的上下游侧应设置一定长度的直管段，其长度应满足生产厂家要求的最短直管段长度；带测量管的流量计测量管中心线与直管段中心轴线偏离应小于 3°；被测管道内壁应清洁、无明显凹坑、积垢和起皮，其内径的圆度误差应小于流量计误差限的 1/5。

4.2.2.4 电参数测试

油田泵机组的电参数测试项目为电动机输入电流、电压、有功功率和功率因数。对于采用变频调速装置的泵机组，则要求采用能测试变频器输入、输出电量的仪器。

检查电参数测试仪器连接无误后，开始进行测试。要求同步测试或读取电参数、流量、压力及介质温度。

4.2.3 节能指标限定值

按照标准 GB/T 16666—2012《泵类液体输送系统节能监测》、SY/T 6275—2007《油田生产系统节能监测规范》、GB/T 31453—2015《油田生产系统节能监测规范》对油田泵机组的节能监测结果进行了限定。

吨·百米耗电量用表 4-1～表 4-4 中的指标进行限定。

表 4-1 合格评价表

判定项目	合格指标
泵运行效率/%	≥85%×a
电动机运行效率/%	≥85%×b
吨·百米耗电量/[kW·h/(t·hm)]	<0.50×α×β

注：a 为泵额定效率；b 为电动机额定效率；α 为泵型能耗指标修正系数，见表 4-2 和表 4-3；β 为电动机能耗指标修正系数，见表 4-4。

表 4-2 单级泵泵型能耗指标修正系数 α

额定流量 Q_e/(m^3/h)	$Q_e \le 5$	$5<Q_e \le 20$	$20<Q_e \le 60$	$60<Q_e \le 200$	$200<Q_e \le 800$	$Q_e>800$
系数 α	1.446	1.246	1.157	1.080	1.000	0.953

表 4-3 多级泵泵型能耗指标修正系数 α

额定流量 Q_e/(m^3/h)	$Q_e<15$	$15<Q_e \le 80$	$80<Q_e \le 200$	$200<Q_e \le 500$	$Q_e>500$
系数 α	1.400	1.185	1.100	1.000	0.939

表 4-4 电动机能耗指标修正系数 β

额定功率 P_e/kW	$5\leqslant P_e\leqslant 11$	$11<P_e\leqslant 55$	$55<P_e\leqslant 315$	$P_e>315$
系数 β	1.106	1.044	1.000	0.979

输油泵机组的功率因数用表 4-5 中的指标进行限定。

表 4-5 输油泵的功率因数规范标准

监测项目	评价指标	$Q\leqslant 25$	$25<Q\leqslant 100$	$100<Q\leqslant 250$	$Q>250$
功率因数	限定值	≥0.82	≥0.85	≥0.86	≥0.87

输油泵机组的机组效率及节流损失率用表 4-6 中的指标进行限定。

表 4-6 输油泵机组节能监测项目与指标要求

监测项目	评价指标	$Q\leqslant 25$	$25<Q\leqslant 50$	$50<Q\leqslant 80$	$80<Q\leqslant 100$	$100<Q\leqslant 150$	$150<Q\leqslant 200$	$200<Q\leqslant 250$	$250<Q\leqslant 300$	$300<Q\leqslant 400$	$400<Q\leqslant 600$	$Q>600$
机组效率（无调速）/%	限定值	≥36	≥39	≥42	≥45	≥48	≥50	≥52	≥54	≥56	≥58	≥60
	节能评价值	≥41	≥44	≥47	≥50	≥53	≥55	≥57	≥59	≥61	≥63	≥65
机组效率（有调速）/%	限定值	≥30	≥33	≥35	≥38	≥43	≥45	≥47	≥49	≥50	≥52	≥54
	节能评价值	≥34	≥37	≥39	≥42	≥48	≥50	≥51	≥53	≥55	≥57	≥59
节流损失率/%	限定值	≤16				≤10						

注：Q 为泵额定排量，m^3/h。

使用调速技术的输油泵机组仅评价机组效率，该机组效率为泵出口调节阀后有效功率与原动机输入功率的比值。

4.2.4 节能产品节能效果评价

根据 SY/T 6244—2016《石油企节能产品节能效果测定》中对油田泵机组节能措施通过节能率的计算对泵机组进行节能评价，具体的计算方法如下：

（1）有功功率节能率

$$\xi_{by}=\frac{W_{b1}-W_{b2}}{W_{b1}}\times 100\% \tag{4-1}$$

式中 ξ_{by}——有功功率节能率，%；

W_{b1}——应用节能产品前输送 $1m^3$ 液体消耗的有功功率耗电量，$kW\cdot h/m^3$；

W_{b2}——应用节能产品后输送 $1m^3$ 液体消耗的有功功率耗电量，$kW\cdot h/m^3$。

（2）无功功率节能率

$$\xi_{bw}=\frac{Q_{b1}-Q_{b2}}{Q_{b1}}\times 100\% \tag{4-2}$$

式中 ξ_{bw}——无功功率节能率，%；

Q_{b1}——应用节能产品前输送 $1m^3$ 液体消耗的无功功率耗电量，$kvar\cdot h/m^3$；

Q_{b2}——应用节能产品后输送 $1m^3$ 液体消耗的无功功率耗电量，$kvar\cdot h/m^3$。

(3) 综合节能率

$$\xi_b=\frac{W_{b1}-W_{b2}+K_Q(Q_{b1}-Q_{b2})}{W_{b1}+K_Q Q_{b1}}\times100\% \tag{4-3}$$

式中 ξ_b——综合节能率，%；

K_Q——宜取 0.03。

使所选泵的型式和性能符合装置流量、扬程、压力、温度、汽蚀流量、吸程等工艺参数的要求。

4.3 油田机泵能效评价指标

4.3.1 油田机泵能效影响因素分析

4.3.1.1 泵运行效率影响因素分析

国家标准 GB/T 16666—2012《泵类液体输送系统节能监测》中规定了泵运行效率计算方法，主要包括水力学计算方法和热力学计算方法。水力学计算方法应用机泵功率平衡原理，适用于具备流量和轴功率精确测试条件的场合。热力学方法是根据热力学定律，通过测量流体的热力学参数从而确定流体机械效率的方法。热力学法适用于流量无法测试或精度不易控制，且泵扬程≥20m 的液体输送系统。热力学法的计算过程比较复杂，所以在油田现场中一般多用水力学方法。水力学方法的主要测试参数为电动机输入功率、泵吸入压力、排出压力、泵流量。具体的计算方法如下：

泵运行效率应按式(4-4)进行测试与计算：

$$\eta_b=\frac{\rho\times g\times Q\times H}{3.6\times10^6\times N_2}\times100\% \tag{4-4}$$

式中 η_b——泵运行效率，%；

ρ——液体的密度，kg/m³；

g——重力加速度，m/s²，取 9.807；

Q——泵的流量，m³/h；

H——泵扬程，m；

N_2——泵轴功率，kW。

其中扬程的计算公式为：

$$H=\frac{(p_d-p_s)\times10^6}{\rho g}+(z_2-z_1)+\frac{v_2^2-v_1^2}{2g} \tag{4-5}$$

式中 p_d——泵排出压力，MPa；

p_s——泵吸入压力，MPa；

z_2——泵出口测压点到泵水平中心线的垂直距离，m；

z_1——泵进口测压点到泵水平中心线的垂直距离，m；

v_2——泵出口法兰截面处液体平均流速，m/s；

v_1——泵进口法兰截面处液体平均流速，m/s。

式(4-4)中的泵轴功率也就是泵的输入功率，数值上等于电动机输出功率 P_{mo}，其计算公式如(4-6)所示：

$$P_{mo}=\beta P_N \tag{4-6}$$

式中 P_N——电动机额定功率，kW；

β——电动机负载系数，根据 GB/T 12497—2006《三相异步电动机经济运行》，按式(4-7)进行计算，计算时还需查出电动机额定效率 η_N、电动机空载有功损耗 P_0 两个常数。

$$\beta=\frac{-P_N/2+\sqrt{P_N{}^2/4+(\Delta P_N-\Delta P_0)(P_m-\Delta P_0)}}{\Delta P_N-\Delta P_0} \tag{4-7}$$

式中 ΔP_N——电动机额定负载时的有功损耗，kW，按式(4-8)计算；

ΔP_0——电动机的空载有功损耗，kW，约为电 ΔP_N 的 40%左右。

$$\Delta P_N=\left(\frac{1}{\eta_N}-1\right)P_N \tag{4-8}$$

其中，η_N 为电动机额定效率，P_N 与 η_N 的数值从电动机额定工况试验或从出厂资料获得。

泵运行效率是机械、容积和水力三种效率的乘积，有多个因素共同影响：

(1) 运行参数

机泵运行过程中，需要合理控制机泵的运行参数，使泵的运行工况处于最佳的工况。当泵的排量和压力不能达到设计要求，影响到油气集输处理合格油品的外输量，一旦管输流量下降较多，泵机组只能在低效率区工作，存在"大马拉小车"现象，导致效率偏低。另外，泵的进出口压力不能达到设计的标准，也会降低机泵的效率。

(2) 原油物性

1) 黏度。

当黏度较高时，原油在管道内流动性差、管道阻力增大、流动性变弱。泵吸入困难，原油进入泵容积腔时，会出现短暂断流或进液流量波动的情况，导致泵的出口压力和流量出现波动。转速较高时，泵在入口形成负压，使整个泵体抖动，负压较大时甚至引发管道的抖动。

2) 腐蚀。

腐蚀性(如存在酸性或碱性物质)较强的原油，会对泵的过流部件造成腐蚀。过流部件通常为轴密封、传动万向节的橡胶骨架防护套、转子以及定子。具有腐蚀性的介质会使金属材料出现点蚀现象。转子的点蚀导致表面出现锐利的点蚀边缘，锐利的点蚀表面切削定子橡胶表面，可能导致定子报废。腐蚀性的原油也会造成定子橡胶出现快速老化或橡胶溶胀，缩短定子的寿命，严重时定子橡胶会脱落。

3) 原油中蜡、砂等杂质含量较高。

含蜡量较高的原油会在泵内的金属表面结垢，吸入室、箱体或腔室内表面结垢会导致腔室的有效设计容积变小，使得泵的进液量下降或过流速度减慢。在旋转的过流部件上，如转子结垢会加速磨损。

泵输送含砂量高的原油时，定子转子的接触面磨损增大，轴密封的密封性能下降，出现泄漏，严重时轴密封表面会出现磨蚀现象。

4）温度。

温度过高的原油会使泵定子转子过度配合，超过设计的过盈配合量，缩短泵寿命。

（3）管道工艺流程

1）无过滤装置。

在未加装过滤装置进液的情况下，原油中的泥沙会沉积在管道的转弯、阀门、变径等处，造成堵塞；一些杂物（废旧手套、塑料袋、工业用废料等）会进入泵内，对泵造成不同程度的损伤。如短截的固体物件会插入定子橡胶内无法剥离，长时间磨损转子，使转子表面出现凹槽。泵内进入小木块、石块、铁块时，则可能夹在定子和转子之间，导致泵堵塞，无法转动，影响泵的正常输送能力。还会因为电气控制部分没有过载保护装置，导致电机过载，烧毁电机定子线圈。

2）进液管道安装不合理。

如果进液管道布局不合理，安装位置与泵的进口不匹配，在泵停止运行后，自吸能力消失，进液管道内的原油回流，将导致部分管道内出现断流。如果油气泵重新启动时管道内没有原油介质，泵自吸时会有短暂的干运行，给泵造成极大的损坏。

3）进排管道堵塞或通径与泵不匹配。

泵出口管道阻塞或设计流量小于泵的额定流量，会导致泵超压运行。超压运行会对泵造成多方面的影响。泵超压运行会造成驱动电机过载，严重时会损坏万向节传动轴等传动部件，同时使泵流量下降。

4）管道材料不合理。

如果原油中含有对金属腐蚀性较强的物质，在管道材料选型不当的情况下，管道内壁会在短时间内腐蚀或结垢，结垢片经压力波动掉落后，在过滤器、管道变径转弯或阀门处堆积，导致泵进排流量快速下降，压力升高；又会导致转子、定子等泵内组件的加速磨损，对泵造成更大的损坏。

4.3.1.2 电动机效率影响因素分析

电动机效率为电动机输出功率与输入功率之比，通常以百分数表示。

$$\eta_d = \frac{P_{mo}}{P_m} \times 100\% \tag{4-9}$$

式中 η_d——电动机效率，%；

P_{mo}——电动机输出功率，数值上等于泵输入功率，kW；

P_m——电动机输入功率，kW。

电动机效率影响因素主包括以下几个方面：

（1）电机功率因数

功率因数是有用功与总功率的比率。功率因数越高，有用功与总功率间的比率便越高，系统运行则更有效率。功率因数也与电机的负载率相关，负载率降低，功率因数明显降低。

（2）电机负载率

电动机的负载率和电机效率之间存在如下的关系：

$$\eta_d = \frac{\eta_e}{\eta_e + k(1-\eta_e)/\beta + \beta(1-\eta_e)(1-k)} \tag{4-10}$$

式中 η_d——电机效率，%；

η_e——电机额定效率，%；

β——电机负载率，%；

k——电机特性参数。

由式(4-10)可以作出电机负载率和效率的关系曲线，如图4-3所示。在最佳负载率区间，电机效率较高。沿曲线，当负载率增大时，效率也增大，负载率达到 β_m 后效率达到最大值；当负载率继续增大时，效率开始下降。这是因为在电机的总损耗中有一项叫铁损，它不随负荷的变化而变化，使得负载率低时效率较低；而另一项铜损与负载率的平方成正比，当负荷增大时，铜损增大很快，使得效率达到峰值后又下降。

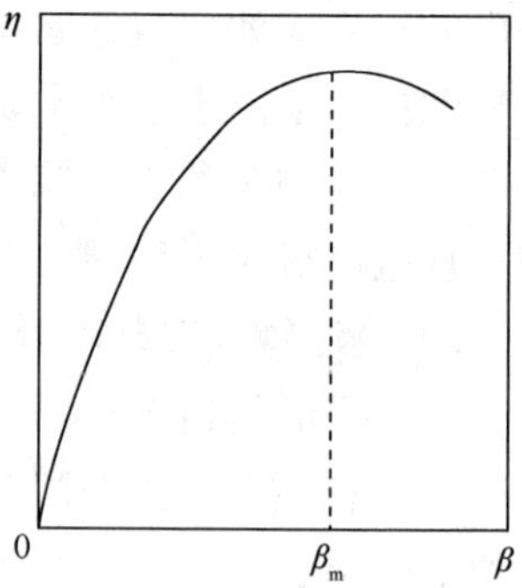

图4-3 电机负载率—效率理论曲线

最佳负载率 $\beta_m = \sqrt{k/(1-k)}$，β_m 的值取决于电机特性参数 k，不同的电机 k 值不同，电机的最佳运行负载 β_m 也不同。

(3) 变频调速控制对电机效率影响

当泵流量小于额定流量时，降低电机转速来满足流量要求。轻载时的异步电动机仍运行于额定磁通，其铁损和由励磁电流产生的定子铜损保持不变，使电机的运行效率明显下降，造成电能的浪费。轻载运行的异步电机安装了变频调速系统，但仍存在较大节能空间。电机变频后转速与频率的关系式如式(4-11)所示。

$$\eta = \frac{8\pi^3 \dfrac{T_2}{\Omega^2}\left[1-\left(\dfrac{S_N}{f_N}\right)f_1\right]^3}{m_1 p^3 \left(\dfrac{U_N}{f_N}\right)^2 \left[\dfrac{r_1+r_m}{4\pi^2\ (L_{1\sigma}+L_m)^2 f_1^3} + \dfrac{1}{C_1^2 r'_2}\left(\dfrac{S_N}{f_N}\right)\right]} \tag{4-11}$$

式中 T_2——异步电动机负载运行时输出机械转矩，N·m；

Ω——异步电动机转子的机械角速度，rad/s；

r_1——定子每相内电阻，Ω；

r_m——硫化电阻，Ω；

S_N——额定转差率，%；

f_1——定子电源频率，Hz；

f_N——额定电源频率，Hz；

m_1——定子的相数；

p——磁极对数；

r'_2——折算后的转子每相内电阻，Ω；

C_1——修正系数。

由式可知，对泵的负载，转矩随转速平方成正比变化，由于恒 U/f 控制的过程中，式中 s/f 也是一个不变量，所以电动机的运行效率 η_d 随其定子电源频率 f 的变化较为迅速。只有在额定频率附近其变化才较为平坦。根据通用电机给定的各参数，由式(4-11)可以算出，当定子电源频率 f 降到30Hz左右时，电机的运行效率 η_d 就下降到额定值的70.7%，随着 f 的下降，开始快速减小。根据计算而绘出的异步电动机的运行效率随定子电源频率 f 的变化关系曲线如图 4-4 所示。

由以上分析可得：电机效率受电机负载率、功率因数和轻载运行时变频调速后频率的影响。电机负载率降低，偏离额定工况，是使电机效率降低的主要因素。机组流量的减小是引起电机效率降低这一系列变化的根本原因。电动机通过联轴器传递扭矩使泵运转工作，电动机效率的高低直接影响着整个泵机组的运行状况，因此有必要将电动机效率作为评价泵机组用能情况的指标。

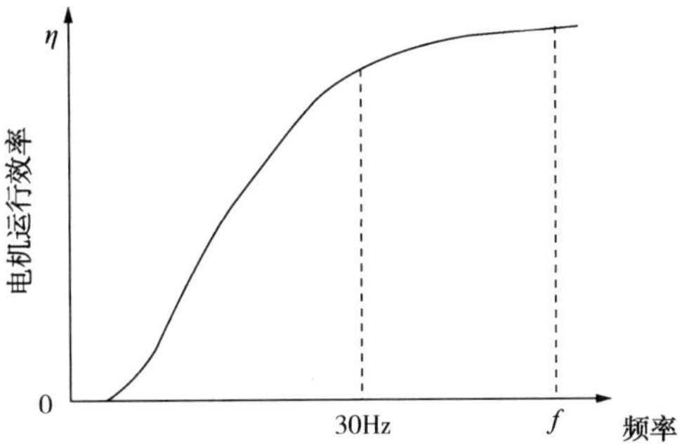

图 4-4　电机运行效率与电源频率关系曲线

4.3.1.3　功率因数影响因素分析

功率因数表示一个负荷所需要的有功功率和视在功率的比值。功率因数由电压与电流之间的相位差(φ)角决定，用 $\cos\varphi$ 表示，在数值上等于有功功率和视在功率之比，或电阻与阻抗之比。

$$\cos\varphi=\frac{P}{S} \tag{4-12}$$

式中　P——有功功率，kW；

S——视在功率，kW。

功率因数的产生主要是因为交流用电设备在其工作过程中，除消耗有功功率外，还需要无功功率。当有功功率 P 一定时，如减少无功功率 Q，则功率因数便能够提高。在极端情况下，当 $Q=0$ 时，则其功率等于 1。因此提高功率因数问题的实质就是减少用电设备的无功功率需要量。

(1) 电动机的负载率

异步电动机的定子与转子间的气隙是决定异步电动机需要较多无功的主要因素。而异步电动机所耗用的无功功率是由其空载时的无功功率和一定负载下无功功率增加值两部分所组成，所以要改善异步电动机的功率因数就要防止电动机的空载运行并尽可能提高负载率。

(2) 供电电压

当供电电压高于额定值的10%时，由于磁路饱和的影响，无功功率将增长得很快。据有关资料统计，当供电电压为额定值的110%时，一般工厂的无功功率将增加35%左右；当供电电压低于额定值时，无功功率也相应减少而使它们的功率因数有所提高。但供电电压降低会影响电气设备的正常工作。因此，应当采取措施使电力系统的供电电压尽可能保持稳定。

4.3.1.4　吨·百米耗电量影响因素分析

泵类液体输送系统完成 1t 液体 100m 扬程所消耗的电量为吨·百米耗电量。

吨·百米耗电量应按式(4-13)进行计算：

$$e=\frac{0.27233}{\eta} \tag{4-13}$$

式中　e——液体输送系统吨·百米耗电量，kW·h/(t·hm)；

η——液体输送系统总效率，%。

液体输送系统总效率应按式(4-14)进行计算。

$$\eta=\eta_b\times\eta_d\times\eta_g\times\eta_c \tag{4-14}$$

式中 η——液体输送系统总效率，%；

η_b——泵运行效率，%；

η_d——电动机运行效率，%；

η_g——输送效率，%；

η_c——传动效率，%。

其中，传动效率取值如表4-7所示。

表4-7 传动效率取值表

传动形式	泵机同轴直联	连轴器传动	胶带传动		机械变速装置传动
			V型带	普通平带	
传动效率/%	100	99~99.5	96~97	93~97	产品样本提供

其中输送效率的测试与计算如下：

(1) 高度确定系统的输送效率

由高度确定的系统输送效率应按式(4-15)计算。

$$\eta_g=\theta\times\frac{H_g}{H}\times100\% \tag{4-15}$$

式中 θ——倾斜管路的折算系数，与地面垂直管路 $\theta=1$；

H_g——液体输送的垂直高度，m。

(2) 压力确定系统的输送效率

由压力确定的系统输送效率应按式(4-16)计算。

$$\eta_g=\frac{p_g}{p_2}\times100\% \tag{4-16}$$

式中 p_g——工艺所需的压力，MPa；

p_2——泵出口压力，MPa。

(3) 循环系统的输送效率

循环系统输送效率应按式(4-17)计算。

$$\eta_g=\frac{p_2-p_e}{p_2}\times100\% \tag{4-17}$$

式中 p_e——系统回水末端或出口的剩余压力，MPa。

吨·百米耗电量的值越小，说明消耗的电能越少，机泵的运行状态就越趋于节能状态，因此它应该作为机泵能效评价指标。从公式中可以看出吨·百米耗电量与泵运行效率、电动机运行效率成反比，其效率越大，耗电量越小。因此，可以控制泵和电机的效率来改善耗电量。影响吨·百米耗电量的因素主要有以下几个方面：

(1) 泵运行效率

泵运行效率对吨·百米耗电量的影响，主要是由泵设计效率曲线与泵外阻力特性曲线决定的。泵要有高的设计效率的同时，还必须保证泵的工作点在高效率区，才能保证泵有高的运行效率，降低给水泵耗电率。

1）泵效率取决于泵设计、制造、安装与检修水平。

2）泵外阻力特性曲线取决于泵的调节方式。一般情况下，泵调节方式主要有节流调节、变速调节以及电机变频调节。采用节流调节的泵，改变泵外阻力特性；采用变速调节以及电机变频调节的泵，改变泵本身特性。

采用变速调节以及电机变频调节的泵，其吨・百米耗电量优于节流调节泵的吨・百米耗电量。

（2）电动机效率

电动机效率高，同等输入下，输出的电量高，单位负荷下的吨・百米耗电量小。

（3）负荷率

机组负荷率变化时，流量发生变化，泵的工作点改变，泵吨・百米耗电量变化。一般机组负荷率降低，由于泵效率曲线与泵外阻力特性的变化导致泵工作向低效率区域变化，泵吨・百米耗电量升高。

（4）机组开、停机次数

一是机组调峰运行，开、停机频繁，吨・百米耗电量升高；二是机组非停造成开、停机次数多，吨・百米耗电量升高。

4.3.2 评价指标对机泵整体用能水平的影响

4.3.2.1 泵运行效率对整体用能水平的影响

根据本书所述油田的测试数据，计算各机泵与理想运行状态的关联度，绘制泵运行效率对机泵整体用能水平的影响趋势图，如图 4-5 所示。

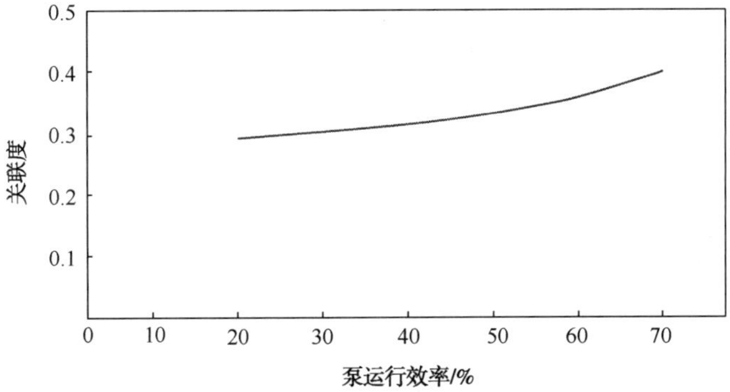

图 4-5 泵运行效率对关联度影响趋势图

从图 4-5 中可以看出，各机泵与其理想运行状态的关联度与其泵运行效率成正相关，泵运行效率越高，关联度越大，说明整体用能水平越高；反之，泵运行效率越低，关联度越小，说明整体用能水平越低。从关联度的数值上看，当泵运行效率由 20%升至 70%时，关联度由 0.29 升至 0.4，泵运行效率对关联度的影响较大，因此泵运行效率的高低往往直接反映了机泵运行的好坏程度，同时表明将泵运行效率作为评判机泵能效的指标很有意义。

4.3.2.2 电动机效率对整体用能水平的影响

根据本书所述油田的测试数据，计算各机泵与理想运行状态的关联度，绘制电动机效率对机泵整体用能水平的影响趋势图，如图 4-6 所示。

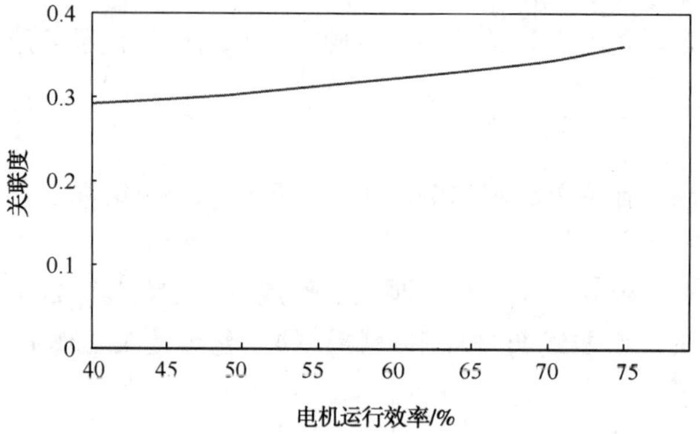

图 4-6 电动机效率对关联度影响趋势图

从图 4-6 中可以看出，各机泵与其理想运行状态的关联度与其电动机效率成正相关，电动机效率越高，关联度越大，说明整体用能水平越高；反之，电动机效率越低，关联度越小，说明整体用能水平越低。从关联度的数值上看，当电动机效率由 45%升至 75%时，关联度由 0.29 升至 0.37，其影响效果与泵运行效率基本相同，因此电动机效率也应该作为评判机泵能效的指标。

4.3.2.3 功率因数对整体用能水平的影响

根据本书所述油田的测试数据，计算各机泵与理想运行状态的关联度，绘制节流损失率对机泵整体用能水平的影响趋势图，如图 4-7 所示。

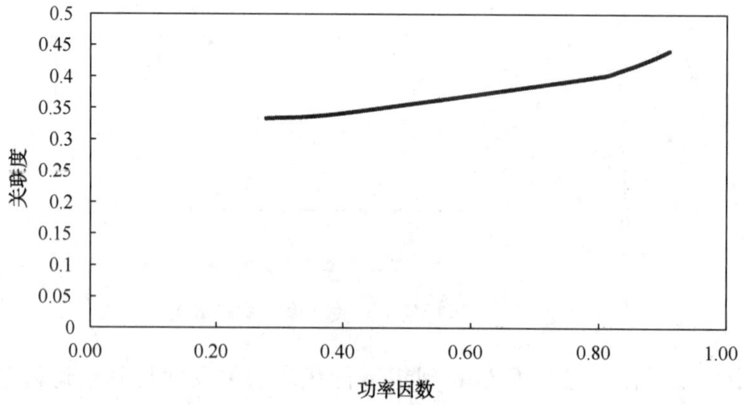

图 4-7 功率因数对关联度影响趋势图

从图 4-7 中可以看出，各机泵与其理想运行状态的关联度与其功率因数成正相关，功率因数越高，关联度越大，说明整体用能水平越高；反之功率因数越低，关联度越小，说明整体用能水平越低。从关联度的数值上看，当功率因数由 0.3 升至 0.9 时，关联度由 0.3 升至 0.45，功率因数对关联度的影响较大，因此以功率因数作为评价指标是十分必要的。

4.3.2.4 吨·百米耗电量对整体用能水平的影响

根据本书所述油田的测试数据，计算各机泵与理想运行状态的关联度，绘制吨·百米耗电量对机泵整体用能水平的影响趋势图，如图 4-8 所示。

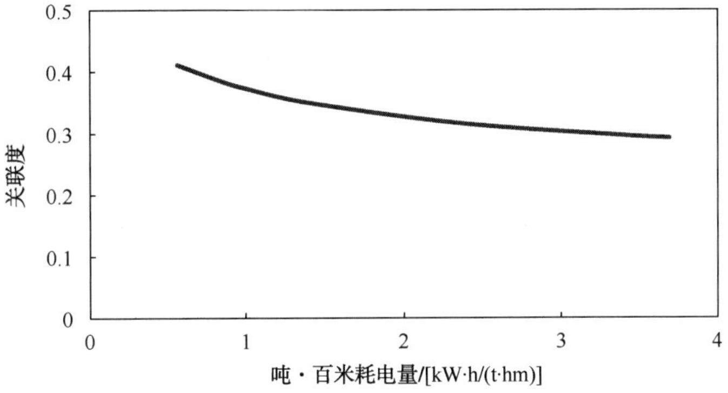

图 4-8 吨·百米耗电量对关联度影响趋势图

从图 4-8 中可以看出，各机泵与其理想运行状态的关联度与其吨·百米耗电量成负相关，吨·百米耗电量越高，关联度越小，说明整体用能水平越低；反之，吨·百米耗电量越低，关联度越大，说明整体用能水平越高。从关联度的数值上看，当吨·百米耗电量由 0.5kW·h/(t·hm)升至 3.7kW·h/(t·hm)时，关联度由 0.42 降至 0.29，吨·百米耗电量的值越小，说明消耗的电能越少，泵机组的运行状态就越趋于节能状态，因此它应该作为泵机组能效评价指标。

根据相关标准和以上对各个指标的分析确定了机泵能效评价指标，分别为泵运行效率、电动机效率、功率因数、吨·百米耗电量。将以上指标按照标准 GB/T 31453—2015《油田生产系统节能监测规范》、SY/T 6275—2007《油田生产系统节能监测规范》等标准执行，其具体要求参考上一节的节能指标限定值。

4.4 油田机泵能效综合评价与分析

通过对各个指标的分析确定了机泵能效评价指标，分别为泵运行效率、电动机效率、功率因数、吨·百米耗电量。通过定量的分析机泵用能情况，按照标准 GB/T 16666—2012《泵类液体输送系统节能监测》、SY/T 6275—2007《油田生产系统节能监测规范》、GB/T 31453—2015《油田生产系统节能监测规范》的要求，判断了外输泵各个指标的合格情况，实例分析如下。

4.4.1 能耗现状

(1) 外输泵原始指标数据

对油田在用的 57 台外输泵的使用情况进行评价，各计转站外输泵的指标数据值如表 4-8所示。

表 4-8　外输泵原始指标数据

序号	泵运行效率/%	电机运行效率/%	功率因数	吨·百米耗电量/[kW·h/(t·hm)]	序号	泵运行效率/%	电机运行效率/%	功率因数	吨·百米耗电量/[kW·h/(t·hm)]
1	45.4	94.1	0.790	0.647	30	51.5	94.3	0.936	0.565
2	43.4	89.6	0.820	0.706	31	56.3	92.2	0.524	0.558
3	45.3	94.1	0.790	0.644	32	58.4	81.6	0.275	0.595
4	35.0	89.4	1.000	0.939	33	46.7	93.2	0.938	1.238
5	29.6	93.9	0.990	0.986	34	52.4	92.0	0.629	0.602
6	47.0	94.4	0.640	0.620	35	56.3	86.8	0.907	0.561
7	18.3	85.9	1.000	1.743	36	89.0	87.1	0.914	0.354
8	40.3	79.8	0.990	0.861	37	83.8	90.5	0.826	0.362
9	29.7	87.9	0.990	1.113	38	40.4	95.3	0.736	0.713
10	28.5	88.4	0.990	1.099	39	34.3	93.6	0.654	0.854
11	33.4	91.6	0.410	0.923	40	10.4	85.4	0.775	3.077
12	45.8	78.1	0.560	0.768	41	13.8	94.1	0.738	2.616
13	37.8	80.0	0.600	0.931	42	74.1	92.8	0.848	0.399
14	43.0	89.3	0.970	0.714	43	79.1	93.7	0.929	0.370
15	23.4	86.0	1.000	1.362	44	76.1	77.2	0.234	0.467
16	22.3	85.7	1.000	1.436	45	56.4	91.2	0.588	0.534
17	41.4	90.2	0.790	0.734	46	55.0	91.2	0.877	0.548
18	41.7	90.1	0.780	0.730	47	31.5	89.1	0.869	0.977
19	46.5	93.4	0.860	0.632	48	18.6	71.5	0.240	2.062
20	37.6	93.6	0.932	0.780	49	47.0	94.9	0.994	0.620
21	26.4	93.7	0.993	1.107	50	35.7	85.5	0.873	0.899
22	39.5	92.5	0.875	0.746	51	80.8	86.2	0.393	0.411
23	24.3	93.3	0.981	1.209	52	94.4	82.7	0.278	0.366
24	33.6	90.6	0.998	0.903	53	76.7	86.7	0.375	0.430
25	40.8	93.8	0.704	0.718	54	18.4	92.5	0.850	1.678
26	37.8	93.1	0.993	0.780	55	19.4	92.9	0.850	1.586
27	17.9	93.5	0.986	1.635	56	26.3	91.7	0.900	1.185
28	18.0	94.2	0.985	1.620	57	27.3	91.3	0.900	1.146
29	46.1	95.9	0.975	0.620					

（2）外输泵监测数据统计结果

本节按照标准 GB/T 16666—2012《泵类液体输送系统节能监测》、SY/T 6275—2007《油田生产系统节能监测规范》、GB/T 31453—2015《油田生产系统节能监测规范》的要求，判断了外输泵各个指标的合格情况，统计结果如表 4-9 所示。

表 4-9 某油田外输泵监测数据统计结果表

序号	泵额定流量/(m³/h)	泵机组效率/%					功率因数			吨·百米耗电量/[kW·h/(t·hm)]		
		实测值	限定值	测试结果	节能值	测试结果	实测值	限定值	测试结果	实测值	限定值	测试结果
1	45	42.745	39	合格	44	不合格	0.79	0.85	不合格	0.647	0.593	不合格
2	45	38.855	33	合格	37	合格	0.82	0.85	不合格	0.706	0.593	不合格
3	45	42.646	39	合格	44	不合格	0.79	0.85	不合格	0.644	0.593	不合格
4	35	31.315	33	不合格	37	不合格	1	0.85	合格	0.939	0.593	不合格
5	45	27.842	33	不合格	37	不合格	0.99	0.85	合格	0.986	0.593	不合格
6	60	44.405	42	合格	47	不合格	0.64	0.85	不合格	0.62	0.593	不合格
7	90	15.738	38	不合格	42	不合格	1	0.85	合格	1.743	0.55	不合格
8	90	32.199	38	不合格	42	不合格	0.99	0.85	合格	0.861	0.55	不合格
9	75	26.098	35	不合格	39	不合格	0.99	0.85	合格	1.113	0.593	不合格
10	75	25.201	35	不合格	39	不合格	0.99	0.85	合格	1.099	0.593	不合格
11	75	30.614	42	不合格	47	不合格	0.41	0.85	不合格	0.923	0.593	不合格
12	80	35.736	35	合格	39	不合格	0.56	0.85	不合格	0.768	0.593	不合格
13	80	30.195	35	不合格	39	不合格	0.6	0.85	不合格	0.931	0.593	不合格
14	75	38.422	35	合格	39	不合格	0.97	0.85	合格	0.714	0.593	不合格
15	75	20.147	35	不合格	39	不合格	1	0.85	合格	1.362	0.593	不合格
16	75	19.109	35	不合格	39	不合格	1	0.85	合格	1.436	0.593	不合格
17	80	37.398	42	不合格	47	不合格	0.79	0.85	不合格	0.734	0.593	不合格
18	80	37.606	42	不合格	47	不合格	0.78	0.85	不合格	0.73	0.593	不合格
19	70	43.425	42	合格	47	不合格	0.86	0.85	合格	0.632	0.619	不合格
20	70	35.183	35	合格	39	不合格	0.932	0.85	合格	0.78	0.619	不合格
21	50	24.778	33	不合格	37	不合格	0.993	0.85	合格	1.107	0.593	不合格
22	45	36.548	39	不合格	44	不合格	0.875	0.85	合格	0.746	0.593	不合格
23	90	22.693	38	不合格	42	不合格	0.981	0.85	合格	1.209	0.55	不合格
24	85	30.382	38	不合格	42	不合格	0.998	0.85	合格	0.903	0.55	不合格
25	85	38.221	45	不合格	50	不合格	0.704	0.85	不合格	0.718	0.55	不合格
26	70	35.169	35	合格	39	不合格	0.993	0.85	合格	0.78	0.593	不合格
27	100	16.785	38	不合格	42	不合格	0.986	0.86	合格	1.635	0.55	不合格
28	100	16.933	45	不合格	50	不合格	0.985	0.86	合格	1.62	0.55	不合格
29	80	44.256	35	合格	39	合格	0.975	0.85	合格	0.62	0.593	不合格
30	85	48.526	38	合格	42	合格	0.936	0.85	合格	0.565	0.55	不合格
31	45	51.843	39	合格	44	合格	0.524	0.85	不合格	0.558	0.619	合格

续表

序号	泵额定流量/(m^3/h)	泵机组效率/%					功率因数			吨·百米耗电量/[kW·h/(t·hm)]		
		实测值	限定值	测试结果	节能值	测试结果	实测值	限定值	测试结果	实测值	限定值	测试结果
32	30	47.604	39	合格	44	合格	0.275	0.85	不合格	0.595	0.619	合格
33	50	43.566	39	合格	44	不合格	0.938	0.85	合格	1.238	0.593	不合格
34	150	48.202	48	合格	53	不合格	0.629	0.86	不合格	0.602	0.538	不合格
35	135	48.873	43	合格	48	合格	0.907	0.86	合格	0.561	0.55	不合格
36	135	77.522	43	合格	48	合格	0.914	0.86	合格	0.354	0.55	合格
37	180	75.898	45	合格	50	合格	0.826	0.87	不合格	0.362	0.55	合格
38	180	38.498	50	不合格	55	不合格	0.736	0.87	不合格	0.713	0.55	不合格
39	250	32.132	47	不合格	51	不合格	0.654	0.87	不合格	0.854	0.55	不合格
40	250	8.917	52	不合格	57	不合格	0.775	0.87	不合格	3.077	0.55	不合格
41	250	12.935	47	不合格	51	不合格	0.738	0.87	不合格	2.616	0.55	不合格
42	180	68.785	45	合格	50	合格	0.848	0.87	不合格	0.399	0.538	合格
43	220	74.112	47	合格	51	合格	0.929	0.87	合格	0.37	0.55	合格
44	130	58.723	48	合格	53	合格	0.234	0.86	不合格	0.467	0.55	合格
45	200	51.376	50	合格	55	不合格	0.588	0.87	不合格	0.534	0.55	合格
46	180	50.113	50	合格	55	不合格	0.877	0.87	合格	0.548	0.55	合格
47	360	28.09	50	不合格	55	不合格	0.869	0.87	不合格	0.977	0.55	不合格
48	50	13.305	39	不合格	44	不合格	0.24	0.85	不合格	2.062	0.655	不合格
49	220	44.659	47	不合格	51	不合格	0.994	0.87	合格	0.62	0.55	不合格
50	75	30.505	42	不合格	47	不合格	0.873	0.85	合格	0.899	0.593	不合格
51	60	69.6	42	合格	47	合格	0.393	0.85	不合格	0.411	0.593	合格
52	60	78	42	合格	47	合格	0.278	0.85	不合格	0.366	0.593	合格
53	60	66.5	42	合格	47	合格	0.375	0.85	不合格	0.43	0.593	合格
54	75	17.029	35	不合格	39	不合格	0.85	0.85	合格	1.678	0.593	不合格
55	75	18.023	35	不合格	39	不合格	0.85	0.85	合格	1.586	0.593	不合格
56	70	24.129	35	不合格	39	不合格	0.9	0.85	合格	1.185	0.593	不合格
57	70	24.938	35	不合格	39	不合格	0.9	0.85	合格	1.146	0.593	不合格
平均值		38.124					0.794			0.938		
合格数/台		26			14		31			12		
合格率/%		45.61			24.56		54.39			21		
综合合格数/台		3										
综合合格率/%		5.26										

由表 4-9 可知外输泵机组效率平均值为 38.12%，外输机泵的效率普遍偏低。造成油田外输泵机组运行效率低的原因通常为负荷率过低、泵部件老化等。由已有原始数据可知：

1）外输泵泵效率的平均值 43.21%，电机效率平均值 89.7%，机泵效率的合格率为 45.61%，达到节能值的机泵占 24.56%，从以上数值可以看出外输机泵的泵效和电机效率都偏低。外输泵效率达标情况见图 4-9。

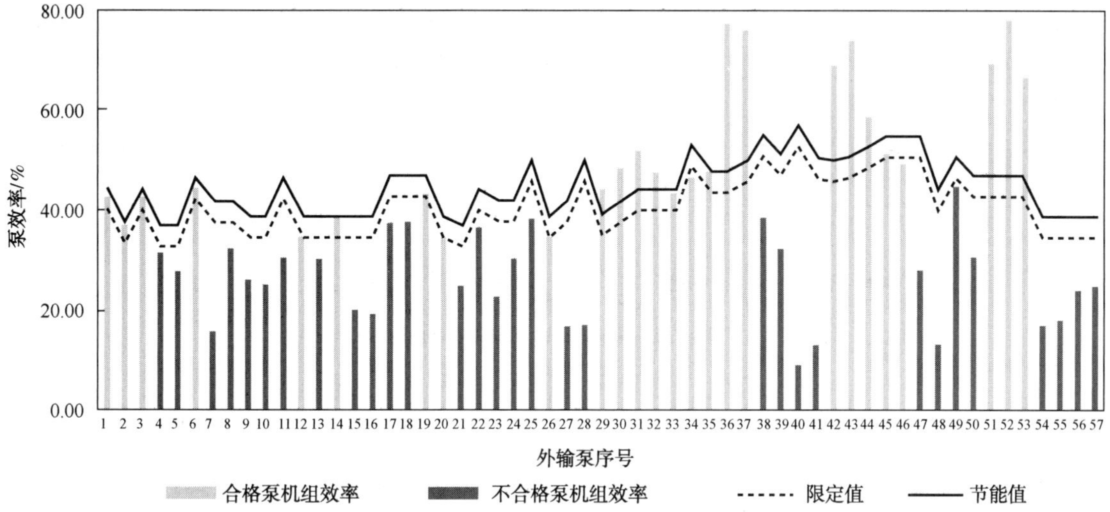

图 4-9 外输泵效率达标情况曲线图

2）外输泵机组的功率因数平均值为 0.794，合格率为 54.39%，正常功率因数在 0.8～0.9，被监测外输泵功率因数偏低，说明功率因数是导致机泵效率低的主要原因。外输机泵功率因数达标情况见图 4-10。

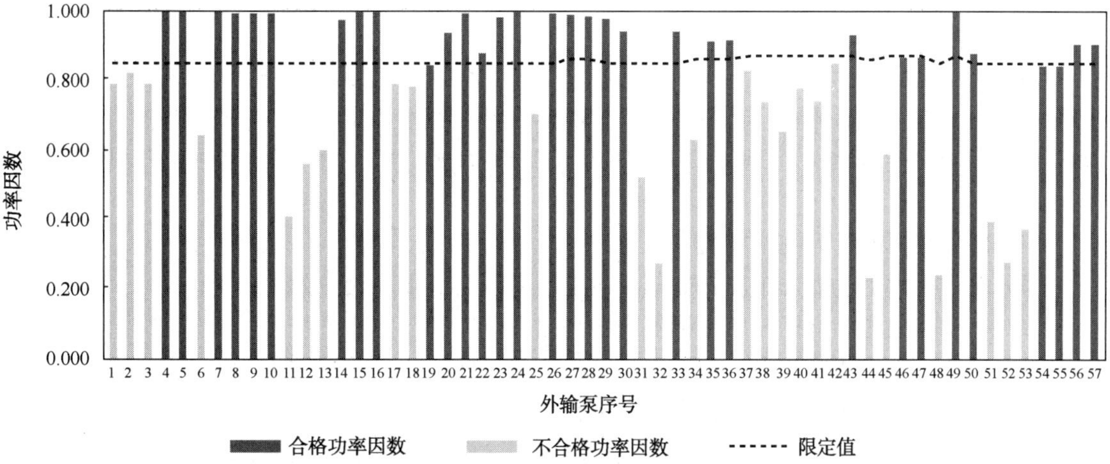

图 4-10 外输机泵功率因数达标情况曲线图

3）外输泵机组的吨·百米耗电量平均值 0.938，合格率为 21%，外输泵的吨·百米耗电量普遍偏高，说明吨·百米耗电量是导致机泵效率低的原因之一。很多机泵所用电机还是

Y 系列、Y2 系列国家明令淘汰的低效高耗电动机，这可能是造成吨·百米耗电量偏高的原因。外输机泵吨·百米耗电量达标情况见图 4-11。

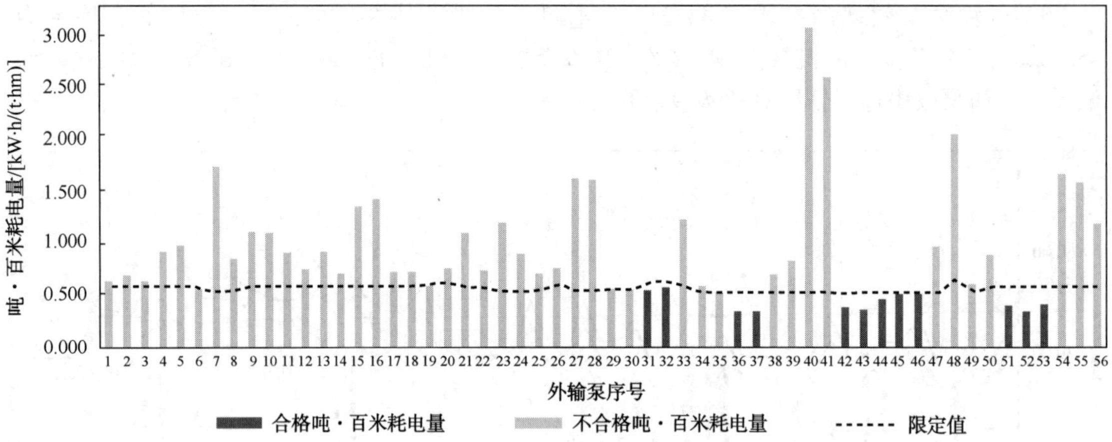

图 4-11　外输机泵吨·百米耗电量达标情况曲线图

4.4.2　存在的问题

根据以上分析，可发现造成能效指标偏离达标值主要有以下几方面原因：

（1）动力设备与实际负载量不匹配

机组设备的配置冗余量过大，设备轻载运行，处于正常负载状态的机泵只占 33%，“大马拉小车”现象比较严重。泵的实际运行排量远低于其额定排量，使泵的运行区偏离了高效区，在低效区运行，使泵机组效率普遍较低。

（2）设备使用年限长、设备老化严重

外输泵投产后，各个部件随着运转时间的增加相继出现老化。

（3）变频使用不合理

部分机泵的负荷率偏低、耗电量偏高，还是存在变频使用不合理的情况。主要包括几种情况，一是并列运行的泵负载率都比较小，且使用变频器；二是有变频器带动多台泵机组，但只开启几台；三是运行中一些泵机组频率在工频 50Hz 下运行，但却开启着变频器。

（4）部分在用电机为淘汰电机

部分电动机为工信部公布高耗能落后机电设备，自身损耗大，效率不高。

针对上述有关能效指标偏离达标值问题提出以下四种节能改进技术：叶轮切削改造、局部更换泵部件、永磁调速技术、更换淘汰电机。采用叶轮切削改造技术，可以有效改善动力设备与实际负载量不匹配的问题，提高泵运行效率，降低吨·百米耗电量；局部更换泵部件可以改善设备使用年限长、设备老化严重的问题，达到提高泵运行效率，降低吨·百米耗电量的问题；采用永磁调速技术可以改变变频使用不合理的问题，达到提高电机效率的目的；更换淘汰电机可以解决部分在用电机为淘汰电机的问题，提高电机效率，降低吨百米耗电量，提高功率因数。接下来将介绍以上四种技术。

4.5 油田机泵提效措施

4.5.1 叶轮切削改造

外输油油品一般需要较高的输送压力，所以所采用的离心泵基本上都是多级离心泵，根据对各大油田泵改造情况，可发现对于叶轮切削技术较为成熟，使用广泛。

（1）节能原理

切削叶轮叶片外径将使泵的流量、扬程、功率降低，从而降低能耗。改变叶轮外径属于局部改造，但严格来说，不能用相似原理来计算改造后的参数。而实践证明，当改造后的叶轮尺寸变化小于原叶轮直径的20%时，切割前后出口过流断面面积及叶片出口角基本不变并且效率变化不大，可认为改造前后仍满足几何相似。

对于低比转数（$30<n_s<80$）的离心泵，有：

$$\frac{Q'}{Q}=\left(\frac{D'}{D}\right)^2 \tag{4-18}$$

$$\frac{H'}{H}=\left(\frac{D'}{D}\right)^2 \tag{4-19}$$

$$\frac{P'}{P}=\left(\frac{D'}{D}\right)^4 \tag{4-20}$$

对于中比转数（$80<n_s<150$）、高比转数（$150<n_s<300$）的离心泵，有：

$$\frac{Q'}{Q}=\frac{D'}{D} \tag{4-21}$$

$$\frac{H'}{H}=\left(\frac{D'}{D}\right)^2 \tag{4-22}$$

$$\frac{P'}{P}=\left(\frac{D'}{D}\right)^3 \tag{4-23}$$

以上式中 D、D'——切削前、后叶轮外径，mm；

Q、Q'——切削前、后离心泵流量，m^3/h；

H、H'——切削前、后离心泵扬程，m；

P、P'——切削前、后离心泵输入功率，kW。

叶轮切割技术投资费用低，只需要叶轮切割的加工费用和叶轮安装工程费用。切割后的叶轮可以尽可能使泵的工况与管网工况接近，节能效果较好。设计改造周期短，可较迅速地完成产品的设计改造任务。

（2）节能应用效果

根据统计，某油田有将近一半的计转站使用的是离心泵，由其实际流量可计算出叶轮切割量，将以上存在问题的部分离心泵进行切割叶轮改造，可得到离心泵的节电效果情况，见表4-10。

表 4-10 切割叶轮后的节能效果分析

序号	型号	额定流量/(m^3/h)	实际流量/(m^3/h)	吨·百米耗电量/[kW·h/(t·hm)]	改造后吨·百米耗电量/[kW·h/(t·hm)]	年节电情况	
						节电量/kW·h	节电费用/元
1	DYK80-50×4	80	40	0.527	0.324	208373	135442
2	DS50B-4	30	15	2.552	1.567	125024	81265
3	DYK25-50×5	25	10	0.478	0.294	125024	81265
4	DYK25-50×6	25	12	1.336	0.820	125024	81265
5	DYK35-50×6	35	12	1.336	0.820	152807	99324
6	DYK80-50×5	80	61	0.527	0.384	175608	114145
7	DYK50-50×5	50	24	0.904	0.555	125024	81265

通过表 4-10 可以看出经过切削叶轮改造后，外输离心泵的吨·百米耗电量平均节省 0.414kW·h/(t·hm)，单耗平均降幅 36.9%，如图 4-12 所示，可使电机负荷大大降低，实现电机安全平稳运行。

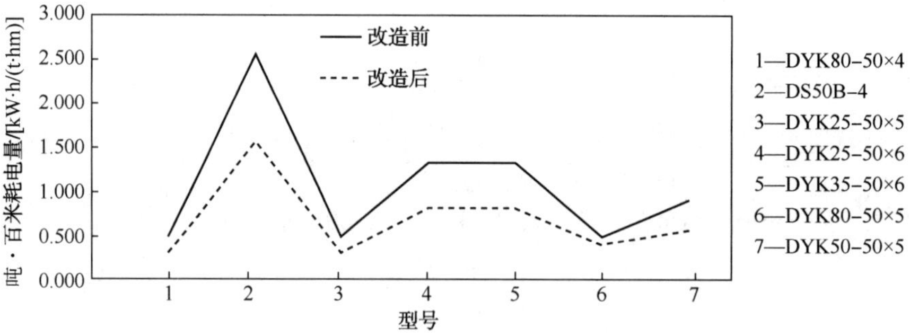

图 4-12 改造前后吨·百米耗电量的变化

根据 SY/T 6244—2016《石油企节能产品节能效果测定》中对油田泵机组节能措施通过节能率的计算对泵机组进行节能评价，可得综合节能率为 22.6%。

4.5.2 局部更换泵部件

(1) 更换离心泵部件

对于运行效率低、承压件还可正常使用、通过清垢无法使运行效率提高到 50%以上的机泵，对其进行局部更新改造。现场改造情况预测见表 4-11，改造前后效率、吨·百米耗电量的变化分别见图 4-13 和图 4-14。

表 4-11 现场改造情况预测

型号	投产年限	效率/%	改造后的效率/%	吨·百米耗电量/[kW·h/(t·hm)]	改造后的吨·百米耗电量/[kW·h/(t·hm)]	年节省电量/kW·h
DS50B-4	2007-11-30	11.18	40	2.557	2.135	34757
DYK35-50×6	2007-10-30	27.73	42	1.031	0.875	38947

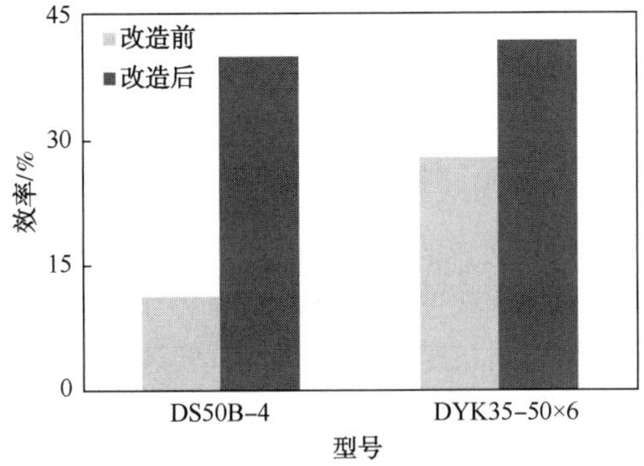

图 4-13　改造前后效率的变化

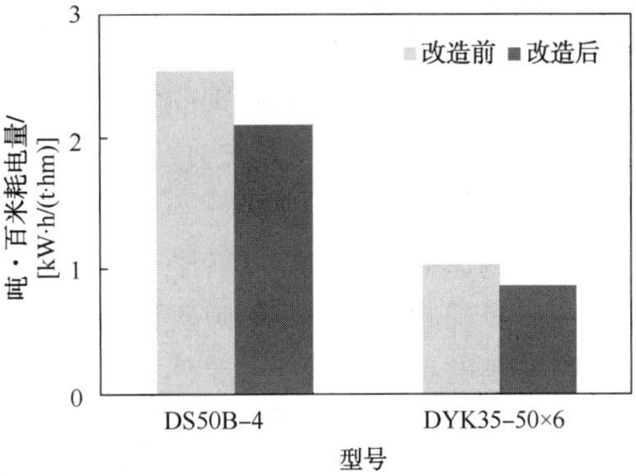

图 4-14　改造前后吨·百米耗电量的变化

1）节能原理。

改造后的机泵使用效果与新设备一致，机泵运行效率将大幅提高。

2）节能应用效果。

根据泵机组的运行状况，分析低能效高能耗的原因，找到具体的受损零件进行更换。

经过改造后，效率提高 2 倍左右，吨·百米耗电量降低 15.8%。

（2）更换螺杆泵部件

针对螺杆输油泵机组使用年限过长、故障率较高、机组利用率下降的问题，可以通过更换螺杆泵部件来解决。

根据泵机组的运行状况，分析低能效高能耗的原因，找到具体的受损零件进行更换。现场改造情况预测见表 4-12，改造前后效率、吨·百米耗电量的变化分别见图 4-15 和图 4-16。

表 4-12　现场改造情况预测

型号	投产时间	效率/%	改造后的效率/%	吨·百米耗电量/[kW·h/(t·hm)]	改造后的吨·百米耗电量/[kW·h/(t·hm)]	年节省电量/kW·h
W7.3ZK-78ZOM1W84	2003/10/1	38.50	50	0.742	0.572	66114
W7T.3ZK/B-85Z0Jm^{3}W8/A	2003/11/01	32.13	48	0.89	0.595	74134

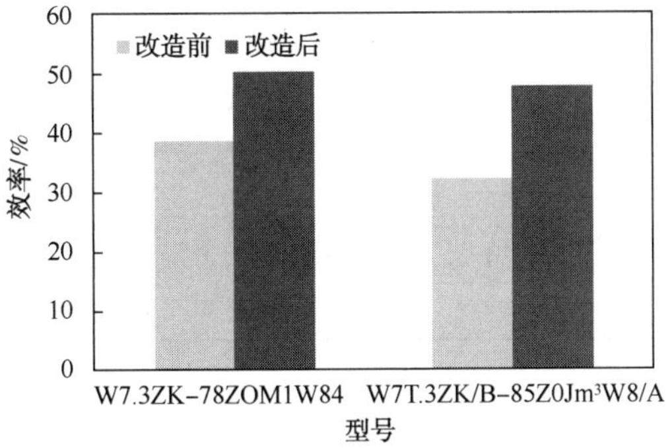

图 4-15　改造前后效率变化

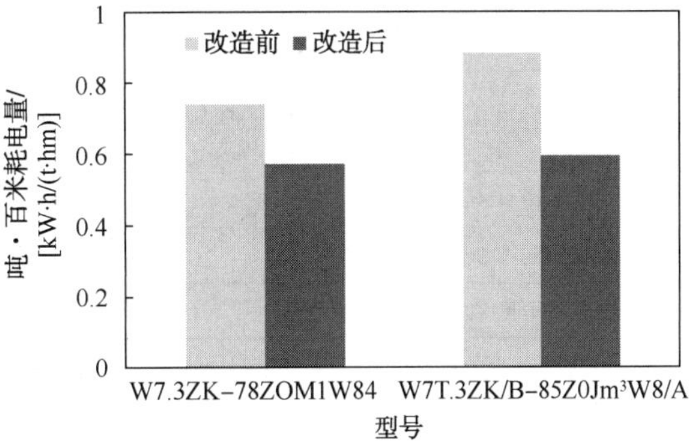

图 4-16　改造前后吨·百米耗电量变化

经过改造后，效率提高 40%左右，吨·百米耗电量降低 30%左右。

4.5.3 永磁调速技术

针对不具有明显运行管理问题，但又存在泵机组效率、吨·百米耗电量不合格问题的机泵，可采用另一种更节能的调速技术。

（1）节能原理

永磁调速器主要由导体转子、永磁转子、调节机构组成。永磁调速是通过调节导体转子与永磁转子间的气隙，使气隙磁场的磁阻变化，从而改变负载速度。永磁调速可获得可调整的、可控制的负载转速，气隙越小，通过永磁调速器传递的扭矩就越大，负载转速越高；气隙越大，通过永磁调速器传递的扭矩就小，负载转速低。因此，在电动机转速不变的情况下，调低泵的转速时，电动机功率也会随之下降，达到降低能耗的目的。

调速特点：

永磁调速可以在较宽的范围内对泵进行无级调速。调速器结构简单、维修保养成本低、使用寿命长，适应易燃、易爆、高温、低温、潮湿等恶劣场所。安装过程简单，无需精密对中(对中：使仪器的中心和测站点的标志中心在同一铅垂线上)。启动过程电流小、时间短、对电网无冲击，可实现空载启动或软启动。运行过程中不产生谐波，不影响电动机和电网功率因数。电动机与泵轴通过气隙传递扭矩，避免了振动的相互影响，提高了系统运行的平稳性。

永磁调速与其他调速技术相比投资费用较高。在改造过程中，泵需要有连轴器，电动机还需向后移动一段距离保证其末端有一定的安装空间，造成大部分机泵移动后安全距离不足1m。在调速过程中，需要人工调手操器控制泵流量，增加了操作人员的劳动强度。

随着油田的不断开发，产液量逐年递减，地面系统中泵的实际输量与设计输量相差也随之增大，导致泵运行负荷低、能耗高等问题。采用永磁调速技术针对地面集输系统以及污水系统中输油泵、掺水泵、污水泵、升压泵等进行节能改造，节能效果显著。永磁调速与变频调速对比见表4-13。

表4-13 永磁调速与变频调速对比

对比项	永磁调速	变频调速
费用	较低	较高
减振效果	降低50%~85%	较好
维护工作量及成本	较小	很高
对现有设备的影响	延长电动机系统现有设备的寿命	高次谐波易破坏电机的绝缘，使电动机和负载的寿命降低
设计寿命	20~30年	5~10年
电压波动对电机系统的影响	影响很小	影响大，可能导致变频器工作异常或者停机
节能效果	很好	与变频器相当

（2）节能应用效果

对变频使用不合理的7台泵进行永磁调速改造预测，可发现节能改造后吨·百米耗电量平均降低15%左右，具体预测结果如表4-14所示，改造前后吨·百米耗电量变化如图4-17所示。

表 4-14 现场改造情况预测

序号	泵额定流量/(m^3/h)	泵负荷率	电机负载率	原吨·百米耗电量/[kW·h/(t·hm)]	测试结果	节能改造后吨·百米耗电量/[kW·h/(t·hm)]	年节省电费/元
2	45	0.459	0.253	0.706	不合格	0.600	19558
7	90	0.219	0.124	1.743	不合格	1.482	17435
8	90	0.227	0.079	0.861	不合格	0.732	8891
14	75	0.358	0.231	0.714	不合格	0.607	14612
23	90	0.347	0.414	1.209	不合格	1.028	53822
27	100	0.258	0.435	1.635	不合格	1.390	56531
41	250	0.432	0.363	2.616	不合格	2.224	10020

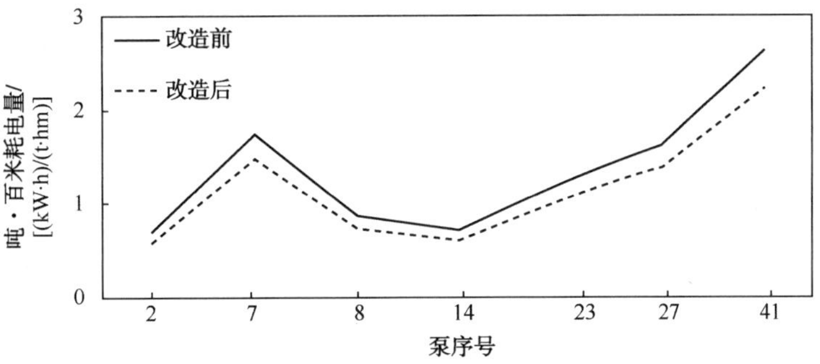

图 4-17 改造前后吨·百米耗电量变化

4.5.4 更换淘汰电机

从测试情况看，很多机泵所用电机还是国家明令淘汰的低效高耗电动机，其不符合《中小型三相异步电动机能效限定值及能效等级》标准中能效限定值要求，应淘汰更换。按照《高耗能落后机电设备(产品)淘汰目录(第三批)》中所列，挑选出淘汰电机，采用国家推荐的高效节能电机 YE3 系列代替在用的高耗能淘汰电机。

(1) 节能原理

YE3 系列〈IP55〉电动机是封闭自扇冷式鼠笼型三相异步电动机，效率符合 GB 18613—2012《中小型三相异步电动机能效限定值及能效等级》标准中的二级能效要求，YE3 超高效率电机采用了高导磁低损耗冷轧无取向硅钢片，具有超高效、节能、低振动、低噪声、性能可靠、安装维护方便等特点。YE3 电机是国家主导推广取代 Y、Y2、Y3、YX3 系列电机的型号，入选工业和信息化部《节能机电设备(产品)推荐目录(第四批)》。其安装尺寸符合 IEC 国际标准，在同功率同转速时，可与 Y、Y2 系列电动机及德国 DIN 标准电动机互换使用。YE3 系列超高效率节能电机产品从技术上实现节能降耗，掌握了电机的效率和附加损耗实测后的电机损耗编号规律、附加损耗的分布曲线、合适的通风与新风扇结构、低损耗冷轧硅钢片的选用等关键技术。根本上实现工业领域的节能降耗。功率范围：YE3 系列电动机功率为 2.2~450kW。

该技术具有以下特点：

1）更省电：YE3 系列效率平均值为 91.5%，比现在电动机的平均效率 87%提高近 4.5%，1~2 年收回成本。如 YE3-160L-4-15kW 电动机每小时耗电 16.3kW·h，普通 Y160L-4-15kW电机每小时耗电 16.8kW·h，YE3 电机每小时节约用电 0.5kW·h，按每年开机 5000 小时计算，每年节约用电 2500kW·h，节约的电费一年半可收回电机成本。

2）更可靠：该产品具有温升低、过载能力强、振动小、噪声低的特点；电动机定子采用 F 级绝缘，但温升按 80K 考核，电动机温升裕度大。

3）更方便：基座中心高 160mm 及以上电动机设有不停机注排油装置，并预留有安装热敏电阻和防潮加热带的空间，方便用户选用。

（2）节能应用效果

根据淘汰电机的功率，选取了同等功率大小的 YE3 系列节能电机，如表 4-15 所示。

表 4-15　更换节能电机表

序号	淘汰电机型号	电机功率/kW	电动机运行效率/%	节能电机型号	效率/%
1	YB2-315S-4	110	92.58	YE3-315S-4	95.4
2	YB2-315M-6	90	89.43	YE3315M-6	94.9
3	YB2-315L2-4	132	93.92	YE3-315M-4	95.6
4	YB2-315L2-6	132	94.42	YE3-315L2-6	95.6
5	YB2-280M-2	90	90.18	YE3-280M-2	95.6
6	YB2-355M1-6	160	90.55	YE3-355M1-6	95.6
7	YB2-315M-4	132	91.21	YE3-315M-4	95.6
8	YB2-315L1-4	160	93.58	YE3-315L1-4	95.8
9	YB2-280M-4	90	91.19	YE3-280M-4	95.2

可以发现节能电机的效率比淘汰电机的效率高出 3~6 个百分点，如图 4-18 所示。

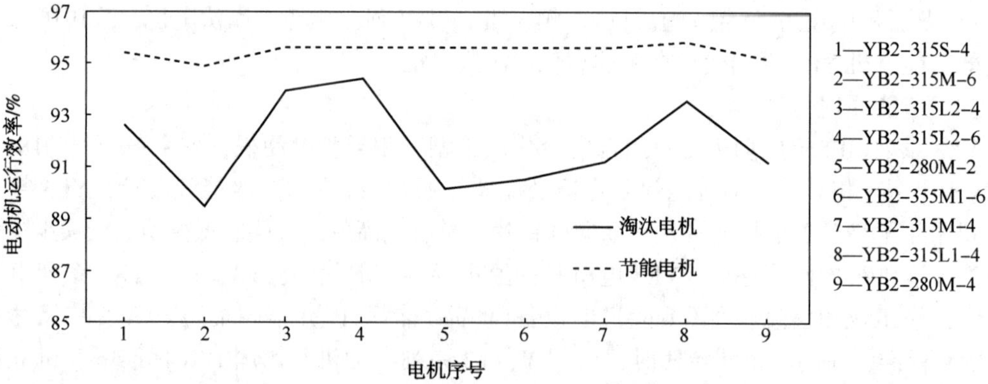

图 4-18　节能电机的效率与淘汰电机的效率曲线图

4.6 本章小结

通过对油田机泵能效影响因素进行分析，确定了油田机泵能效评价指标。通过研究已有的测试数据，找出造成能效指标偏离达标值的主要原因，如动力设备与实际负载量不匹配，设备使用年限长、设备老化严重，变频使用不合理和部分在用电机为淘汰电机。针对上述有关能效指标偏离达标值问题提出四种节能改进技术，即叶轮切削改造、局部更换泵部件、永磁调速技术、更换淘汰电机。通过这些节能改进技术可以提高能效、降低用电单耗、实现节能减排。

5 油田主要用能设备选型指南

针对原油集输系统常用的水套加热炉、相变加热炉、螺杆泵、离心泵等油田用能设备，本章简述了油田加热炉、机泵选型的一般性规定，并根据油田加热炉和机泵实际运行效率，对井口、计转站、联合站等不同站场加热炉以及不同额定流量、不同油品性质外输泵进行选型推荐。

5.1 油田加热炉选型一般性规定

根据 SY/T 0540—2013《石油工业用加热炉型式与基本参数》等标准，油田加热炉型式与参数应符合的相关规定如下：

（1）燃料

在具备条件的情况下，加热炉所用燃料宜为天然气干气。在无法提供干气时，应对湿气进行气液分离。

（2）热负荷

1）名义热负荷 Q。名义热负荷即额定热负荷，根据计算热负荷，按照 SY/T 0540—2013《石油工业用加热炉型式与基本参数》的相关规定，选用与之接近的标准热负荷作为名义热负荷。

2）设计热负荷 Q_s。设计热负荷即在进行热力计算时采用的热负荷，宜取 $Q_s=1.1Q$。

（3）设计热效率

1）对于采用负压燃烧方式的加热炉，当设计热负荷小于 0.63MW 时，设计热效率应大于或等于 80%；当设计热负荷大于或等于 0.63MW 时，设计热效率应大于或等于 85%。

2）对于采用正压燃烧方式的加热炉，设计热效率应大于或等于 90%。

3）加热炉壳体散热损失应小于或等于 2%。

（4）设计压力

1）水套炉、相变加热炉和有机热媒加热炉，其壳体和烟火管的设计压力应满足 NB/T 47034—2013《工业锅炉技术条件》中的规定，应为壳程介质最高工作压力的 1.1 倍，且不低于安全阀开启压力。

2）水套炉壳体设计压力不应大于 0.6MPa。

3）水套炉、相变加热炉和有机热媒加热炉换热盘管的设计压力选择见表 5-1。

表 5-1 加热炉换热盘管设计压力

最高工作压力 p_w/MPa	$p_w \leq 1.8$	$1.8 < p_w \leq 4$	$4 < p_w \leq 8$	$p_w > 8$
设计压力 p/MPa	$p_w + 0.18$	$1.1p_w$	$p_w + 0.4$	$1.05p_w$

4）管式加热炉炉管的设计压力应大于或等于 1.6MPa。

（5）材质

1）加热炉壳体所用的钢板应符合 GB 713—2014《锅炉和压力容器用钢板》的相关规定。

2）水套炉、相变炉和有机热媒加热炉换热盘管和弯头宜选用 20 号钢，锻件应符合 NB/T 47008—2017《承压设备用碳素钢和合金钢锻件》的相关规定；焊接材料应符合 NB/T 47015—2011《压力容器焊接规程》的相关规定。水套炉、相变加热炉和有机热媒加热炉换热盘管的管径不宜大于 DN100。

3）管式加热炉盘管和弯头的材质应符合 GB 9948—2013《石油裂化用无缝钢管》的相关规定。

4）水套炉、相变加热炉和有机热媒加热炉换热盘管内介质为含硫酸性介质时，盘管材质还应符合 GB/T 20972.1—2007《石油天然气工业油气开采中用于含硫化氢环境的材料第 1 部分》，GB/T 20972.2—2008《石油天然气工业 油气开采中用于含硫化氢环境的材料第 2 部分》，GB/T 20972.3—2008《石油天然气工业油气开采中用于含硫化氢环境的材料第 3 部分》的相关规定。

（6）燃烧器

1）加热炉选用的燃烧器应有型式试验报告，燃烧器型式试验应符合 TSG ZB002—2008《燃油(气)燃烧器型式试验规则》的相关规定，燃烧器的设计应符合 TSG ZB001—2016《燃油(气)燃烧器安全技术规则》和 GB/T 19839—2005《工业燃油燃气燃烧器通用技术条件》的相关规定。

2）燃烧器燃料供给系统自动切断阀门至少应串联 2 个，以防安全事故发生。

3）燃烧器应具备点火前吹扫和熄火后吹扫功能，前吹扫时间应能保证送风量为烟火管容积的 4 倍以上且不少于 20s，后吹扫时间应不少于 15s。

燃烧器至少应具备如下安全连锁和报警功能：

① 对燃油燃烧器，当发生点火失败或在正常燃烧后发生火焰故障时，燃烧器应进入锁定状态，并发出声、光报警信号。

② 对燃气燃烧器，当发生下列情况时，燃烧器应进入锁定状态，并发出声、光报警信号：燃气控制阀被检测为泄漏；助燃空气压力低；燃气压力低；前吹扫时间内检测到火焰；点火失败；正常燃烧后发生火焰故障；被加热介质泄漏；火管壁面温度超限；与加热炉有关的控制参数，如压力、液位、温度等参数超限。

4）燃烧器应具备热效率及输出热功率在线监测和空/燃比动态比例调节及微调功能，并根据炉效监测结果实时调整配风以优化炉况，宜为一体化集成装置燃烧器应具备信息传输功能。

（7）烧火间

加热炉安装于室外时，环境气温存在高温、低温情况，燃烧器无法适应环境温度时，应设置加热炉烧火间对其进行保护。烧火间的设计要求应满足 GB 50183—2004《石油天然气工程设计防火规范》的相关规定。

烧火间宜设置可燃气体报警装置和燃烧器事故气放空装置。

（8）加热炉本体及其附属工艺管道自动控制系统

1）加热炉自带的控制设施如配电柜、仪控柜等的设计要求应满足 GB 50183—2004《石油天然气工程设计防火规范》的相关规定。

2）除单井井场外，具备电力供应的站场加热炉应配备熄火时自动切断燃料供给的熄火保护控制系统。

3）加热炉工艺管道应在每个进出炉工艺流体管道上安装测温点和测压点。在存在自动控制条件的站场，加热炉温度、压力、液位、燃烧状态等参数应远传至自动控制系统进行控制。

4）应将与加热炉安全生产、节能减排等相关的各类状态参数进行集中化监控，强化物联网信息化技术的建设与应用。

（9）其他

1）加热炉应设置安全附件。安全附件应包括安全阀、压力表、液面计、测量仪表、报警装置、燃烧系统安全设施等。安全附件应实行定期校(检)验制度。

2）加热炉进出介质汇管宜设置连通线。

3）加热炉烟囱挡板的设置应方便调节，挡板的操作位置宜设在地面。

4）加热炉应设置梯子平台，梯子平台应满足生产巡查和炉效测试等需要。

5）火筒炉壳程应设置可靠的安全泄放装置。

6）水套炉、相变加热炉和有机热媒加热炉管程设计压力大于 6.3MPa 时，盘管宜采用可抽出结构。

7）管式加热炉炉管的进出口应设置隔断阀，工艺管道应设置炉管事故紧急放空和吹扫管道。管式加热炉应在辐射段设置蒸汽或氮气灭火管，其公称直径不应小于 50mm。

5.2　原油集输系统加热炉选型指南

5.2.1　通用选型规定

1）加热炉的选型应满足热负荷和地面系统工艺生产要求。

2）站内用于同种功能的炉型应统一。

3）泵前应选用具备缓冲功能的加热炉，泵后应选用水套炉、管式加热炉或热媒炉。

4）低压力等级场所宜选用相变加热炉，高压力等级场所应选用水套炉、管式加热炉、相变加热炉或热媒炉。

5.2.2　井口加热炉选型指南

（1）井口含水油外输炉选型指南

通过对油田井口加热炉的调研，目前井口采用 200kW 水套加热炉和真空相变加热炉两种类型，通过实际加热炉运行工况绘制加热炉热效率曲线，如图 5-1 所示。

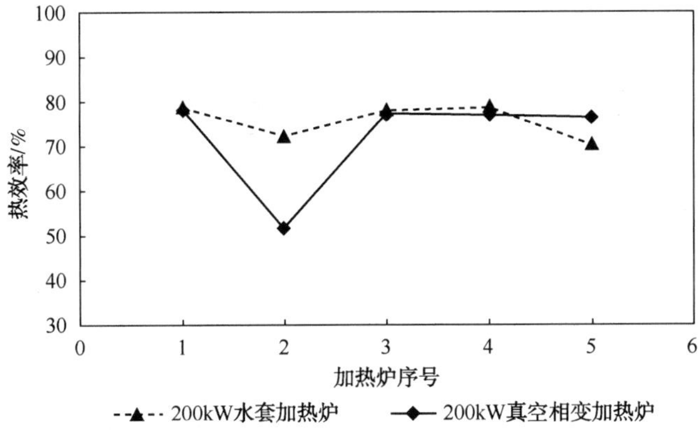

图 5-1　200kW 井口含水油外输炉选型

由图 5-1 可以看出井口含水油外输炉额定热负荷在 200kW 时，热效率较稳定在 70%～85%，因此水套加热炉与真空相变加热炉均适用，水套炉热效率普遍高于真空相变加热炉，因此推荐含水油外输炉选用顺序宜为：水套加热炉、真空相变加热炉。此外，塔河油田在用 180kW 和 400kW 水套加热炉热效率普遍在 62%～80%，效果较好，可根据加热炉实际热负荷选择使用。

井口含水油外输炉选型系列见表 5-2。

表 5-2　含水油外输炉推荐系列

序号	基本结构型式	额定热负荷/kW		
		180	200	400
1	水套炉	▲	▲	▲
2	真空相变加热炉		△	

注：本表中“▲”为优先推荐系列，“△”的为一般推荐系列。

5.2.3　站内加热炉选型指南

（1）掺稀加热炉选型指南

通过对油田站内加热炉的调研，目前采用 400～1600kW 水套加热炉和真空相变加热炉两种类型，选择 C17 站、B18 站、B21 站、B10 站、B22 站、B23 站、B29 站中掺稀加热炉热效率数据，分别绘制 400kW、800kW、1000kW、1200kW、1600kW 水套加热炉和真空相变加热炉热效率曲线，如图 5-2～图 5-5 所示。

根据油田现场加热炉调研，掺稀加热炉额定热负荷在 400～1600kW 之间，400～600kW 掺稀加热炉排烟温度应控制在 250℃以下，过量空气系数应控制在 2.0 以下；800～1200kW 掺稀加热炉排烟温度应控制在 220℃以下，过量空气系数应控制在 2.0 以下；1250～1600kW 掺稀加热炉排烟温度应控制在 200℃以下，过量空气系数应控制在 1.8 以下。

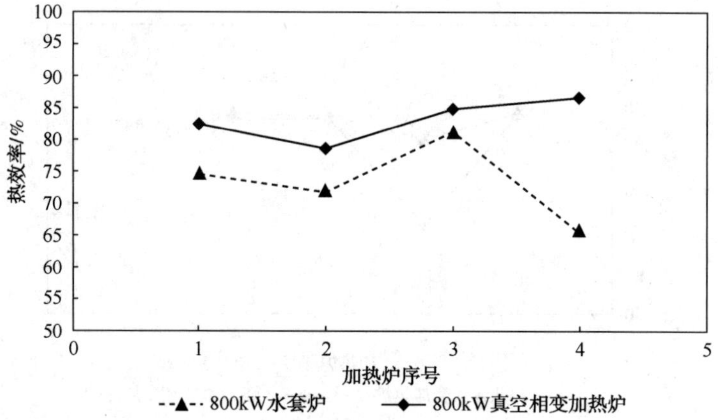

图 5-2 800kW 掺稀加热炉选型

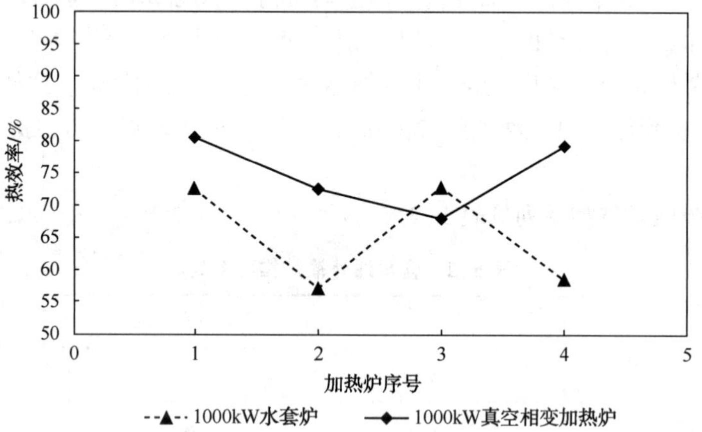

图 5-3 1000kW 掺稀加热炉选型

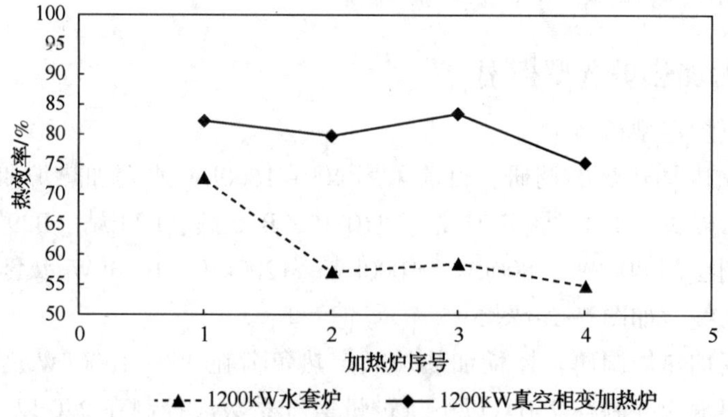

图 5-4 1200kW 掺稀加热炉选型

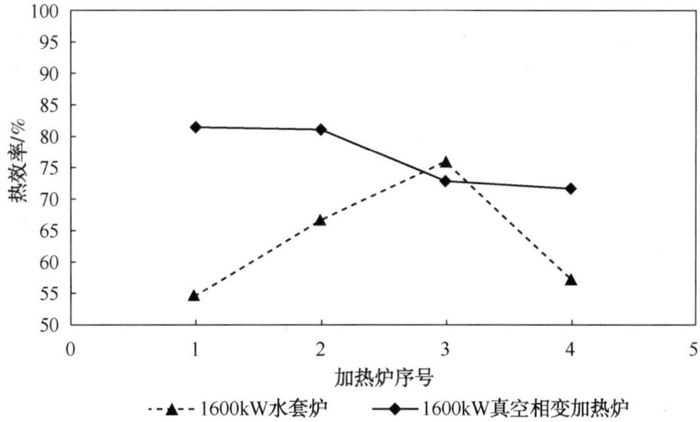

图 5-5　1600kW 掺稀加热炉选型

由图 5-2～图 5-5 可以看出，真空相变加热炉热效率为 60%～85%，水套加热炉热效率为 55%～80%，真空相变加热炉热效率普遍高于水套加热炉，因此推荐掺稀加热炉选用顺序宜为：真空相变加热炉、水套加热炉。

掺稀加热炉选型系列见表 5-3。

表 5-3　掺稀加热炉推荐系列

序号	基本结构型式	额定热负荷/kW				
		400	800	1000	1200	1600
1	真空相变加热炉	▲	▲	▲	▲	▲
2	水套炉		△	△	△	△

注：本表中"▲"为优先推荐系列，"△"的为一般推荐系列。

（2）站内含水油外输炉选型指南

通过对油田站内加热炉的调研，选择 A1 站、B13 站、A4 站、B5 站、A3 站、A16 站、A9 站、B18 站中含水油外输炉热效率数据，分别绘制 400kW、800kW、1000kW、1200kW、1600kW 水套加热炉和真空相变加热炉热效率曲线，如图 5-6～图 5-9 所示。

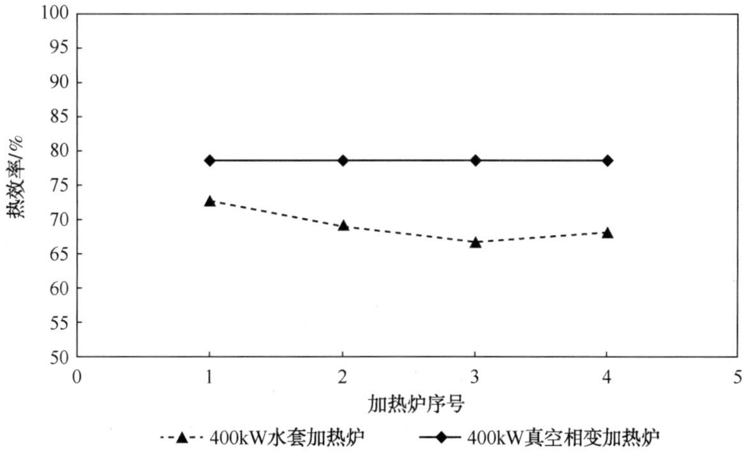

图 5-6　400kW 含水油外输炉选型

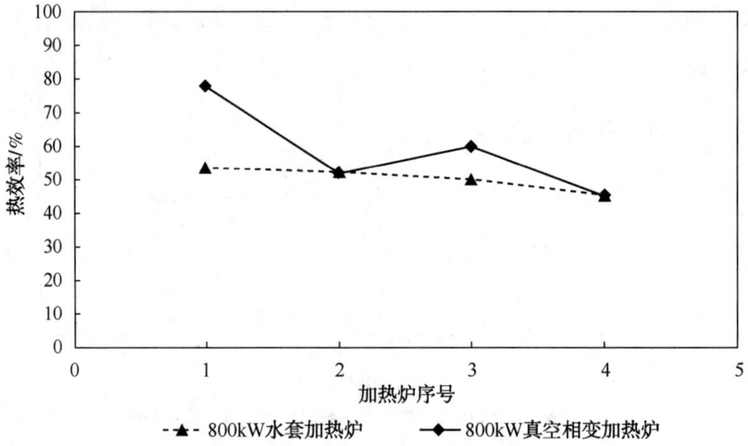

图 5-7　800kW 含水油外输炉选型

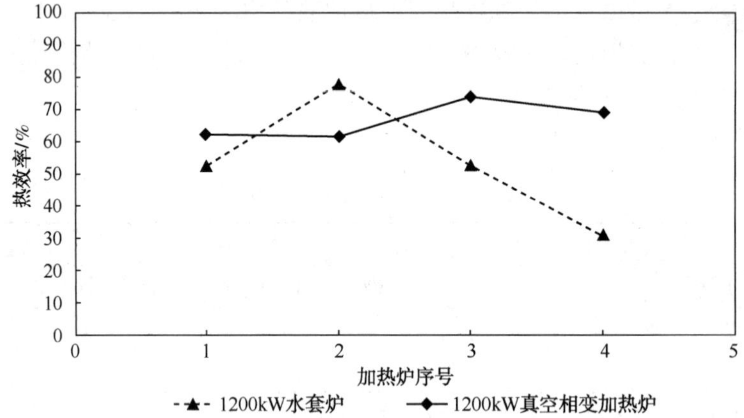

图 5-8　1200kW 含水油外输炉选型

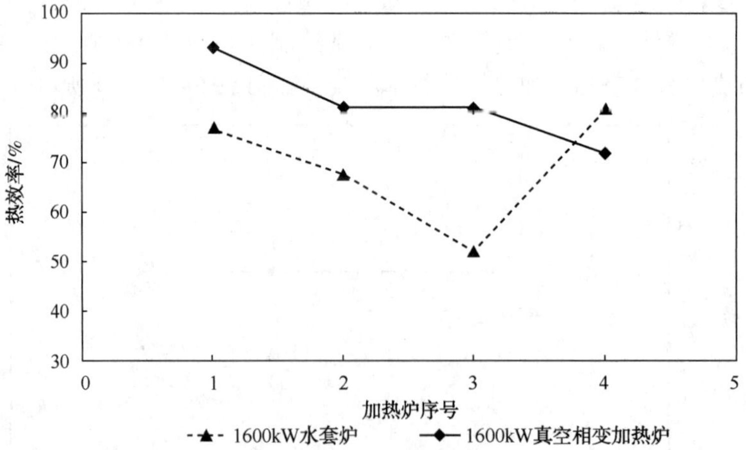

图 5-9　1600kW 含水油外输炉选型

根据油田现场加热炉调研，含水油外输炉额定热负荷在 400~1600kW。400~600kW 含水油外输炉排烟温度应控制在 250℃以下，过量空气系数应控制在 2.0 以下；800~1200kW 含水油外输炉排烟温度应控制在220℃以下，过量空气系数应控制在2.0以下；1250~1600kW含水油外输炉排烟温度应控制在200℃以下，过量空气系数应控制在1.8以下。

由图5-6~图5-9可以看出，真空相变加热炉热效率在50%~93%之间，水套加热炉热效率在30%~80%之间，真空相变加热炉热效率普遍高于水套加热炉，因此推荐含水油外输炉选用顺序宜为：真空相变加热炉、水套加热炉。

含水油外输炉选型系列见表5-4。

表5-4 含水油外输炉推荐系列

序号	基本结构型式	额定热负荷/kW			
		400	800	1200	1600
1	真空相变加热炉	▲	▲	▲	▲
2	水套炉	△	△	△	△

注：本表中“▲”为优先推荐系列，“△”的为一般推荐系列。

（3）脱水加热炉选型指南

通过对油田站内加热炉的调研，选择A7站、A22站、B5站、A23站、A15站、A10站、B11站中脱水加热炉热效率数据，分别绘制400kW、800kW、1000kW、1200kW、1600kW水套加热炉和真空相变加热炉热效率曲线，如图5-10~图5-13所示。

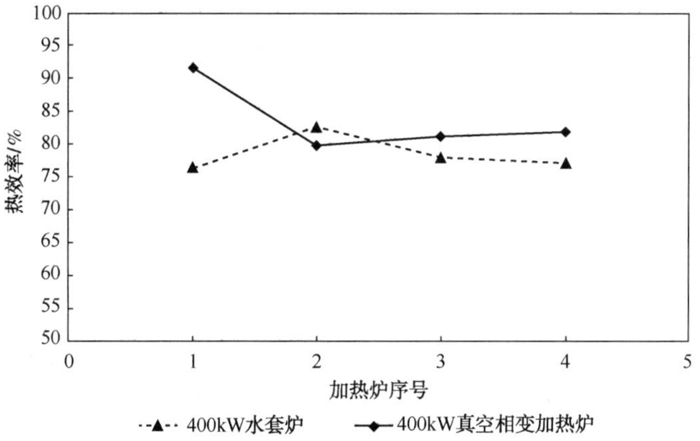

图5-10 400kW脱水加热炉选型

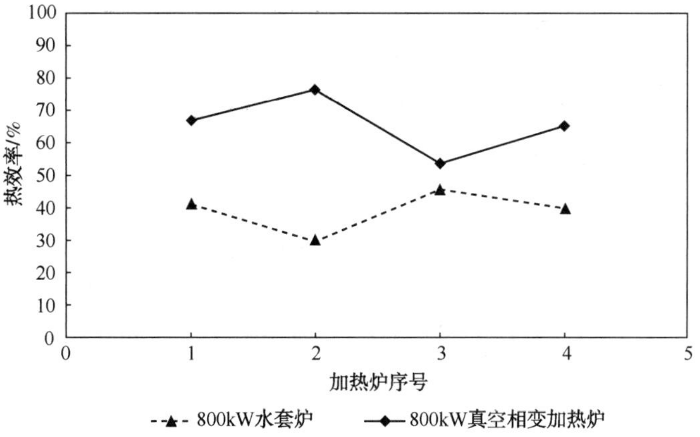

图5-11 800kW脱水加热炉选型

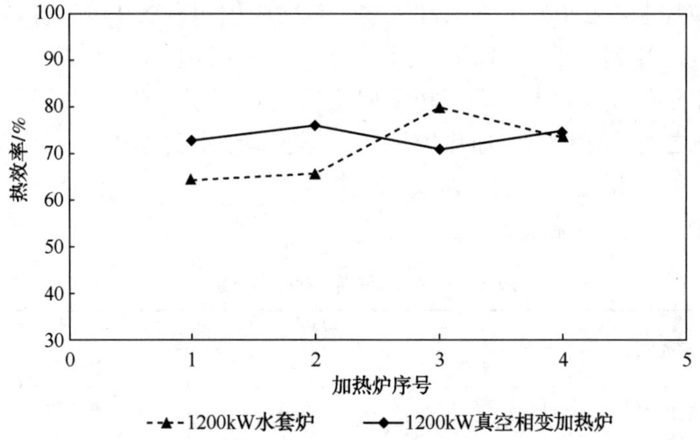

图 5-12　1200kW 脱水加热炉选型

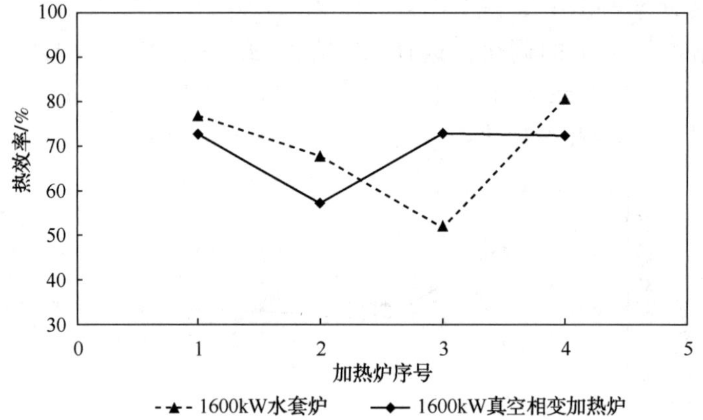

图 5-13　1600kW 脱水加热炉选型

根据油田现场加热炉调研，脱水加热炉额定热负荷在 400~1600kW。400~600kW 脱水加热炉排烟温度应控制在 250℃以下，过量空气系数应控制在 2.0 以下；800~1200kW 脱水加热炉排烟温度应控制在 220℃以下，过量空气系数应控制在 2.0 以下；1250~1600kW 脱水加热炉排烟温度应控制在 200℃以下，过量空气系数应控制在 1.8 以下。

由图 5-10~图 5-13 可以看出，真空相变加热炉热效率在 50%~92%之间，水套加热炉热效率在 30%~80%之间，真空相变加热炉热效率普遍高于水套加热炉，因此推荐脱水加热炉选用顺序宜为：真空相变加热炉、水套加热炉。

脱水加热炉选型系列见表 5-5。

表 5-5　脱水加热炉推荐系列

序号	基本结构型式	额定热负荷/kW			
		400	800	1200	1600
1	真空相变加热炉	▲	▲	▲	▲
2	水套炉	△	△	△	△

注：本表中“▲”为优先推荐系列，“△”的为一般推荐系列。

(4) 净化油加热炉选型指南

通过对油田站内加热炉的调研，可得到四个联合站内加热炉热效率数据，如表 5-6 所示，热效率在 80%~95%之间，使用效果较好。

净化油加热炉优先选用热媒炉，额定热负荷以 3500kW、7200kW 为宜，真空相变加热炉额定热负荷以 2000kW、4000kW、4500kW 为宜，水套加热炉额定热负荷以 4000kW 为宜，额定热负荷可根据加热炉实际运行情况对加热炉进行选型。

2000kW 脱水加热炉排烟温度应控制在 200℃以下，过量空气系数应控制在 1.8 以下；3500kW 以上脱水加热炉排烟温度应控制在 180℃以下，过量空气系数应控制在 1.6 以下。

表 5-6 油田在用净化油外输炉

序号	测试地点	加热炉类型	加热炉型号	热效率/%
1	A1 站	真空相变加热炉	SC-FT-Y-2000/2.5-Q	81.8
2	A1 站	热媒炉	DRS300-Q	84.4
3	B2 站	真空相变加热炉	XB4500-H/4.0/4.0-Q	90.9
4	B2 站	真空相变加热炉	XB4500-H/4.0/4.0-Q	90.2
5	A1 站	热媒炉	DRS300-YO	90.15
6	B2 站	真空相变加热炉	XB4500-H/2.5/2.5-Q	89.3
7	B2 站	真空相变加热炉	XB4500-H/4.0/2.5/1.6-Q	87.8
8	C1 站	热媒炉	DRS300-Y(Q)	85.3
9	B1 站	热媒炉	YQW-7200Q	84.3
10	C1 站	真空相变加热炉	SC-2-F2-4000/2.5/1.6-9	83.05
11	B2 站	真空相变加热炉	XB4500-H/4.0/1.6-Q	82.6

净化油外输炉选用次序宜为：热媒炉、水套炉。选型系列见表 5-7。

表 5-7 净化油外输炉推荐系列

序号	基本结构型式	额定热负荷/kW				
		2000	3500	4000	4500	7200
1	热媒炉		▲			▲
2	真空相变加热炉	△		△	△	
3	水套加热炉			△		

注：本表中“▲”为优先推荐系列，“△”的为一般推荐系列。

5.3 油田机泵选型一般性规定

5.3.1 型式与参数

泵的类型、系列和材料选定后就可以根据泵厂提供的样本及有关资料确定泵的型号。

5.3.2 一般要求

根据 JB/T 9087—2014《油田用往复式油泵、注水泵》等标准，油田机泵应符合的相关规定如下：

1）泵应按经规定程序批准的图样及技术文件制造，泵有特殊要求时，可按合同制造。

2）泵应满足额定工况下的连续工作制（连续工作是指泵在额定工况下每天连续运转8~24h）。

3）泵在运行时应符合：①填料函泄漏量不应超过泵额定流量的0.01%，泵额定流量小于10m³/h时，填料函的泄漏最不应超过1L/h；②各静密封面不应泄漏；③润滑油压及油位在规定范围内，油池油温不超过75℃；④无异常声响和振动（如撞击、无规律不均匀的声响和振动等）；⑤泵在额定工况运行时，原动机不应过载。

5.3.3 安全阀

根据JB/T 9087—2014《油田用往复式油泵、注水泵》等标准，油田用泵的安全阀有以下几点要求：

1）泵系统应配有安全阀或其他形式的超压保护装置。安全阀的正常开启压力应调整为1.05~1.25倍额定排出压力。

2）安全阀开启或其他形式的超压保护装置动作后泵的排出压力，不应大于1.25倍的额定压力。

5.3.4 泵的台数和备用率

1）一般泵大中型泵站台数以4~8台为宜。中小型泵站以3~6台为宜，小型泵站以2~3台为宜。对正常运转的泵，一般只用1台，因为1台大泵与并联工作的2台小泵相当（指扬程、流量相同），大泵效率高于小泵，故从节能角度讲宁可选1台大泵，而不用2台小泵。

2）但遇有下列情况时，可考虑两台泵并联工作：①流量很大，1台泵达不到此流量；②对于需要有50%的备用率大型泵，可改2台较小的泵工作，2台备用（共3台）；③对某些大型泵，可选用70%流量要求的泵并联操作，不用备用泵，在1台泵检修时，另1台泵仍然承担生产上70%的输送；④对需24h连续不停运转的泵，应备用3台泵运转，1台备用，1台维修。

5.3.5 工作用油

1）柱塞式油泵的工作用油液推荐采用低凝液压油、抗磨液压油、航空液压油及精密机床液压油等。正常工作油温为15~65℃，理想工作油温50±4℃，运动黏度为27~43mm²/s，油液在正常工作温度下工作，应保证其运动黏度在65℃时不低于27mm²/s，15℃时不高于43mm²/s。

2）螺杆泵要适应流体高温的要求（80~100℃）。

3）离心泵运行，轴承温度不超过85℃。

5.3.6 类型选择相关要求

1）当扬程要求很高、流量很小且无合适小流量高扬程离心泵可选用时，可选用往复泵。

2）介质黏度较大（大于650~1000mm²/s）时，可考虑选用往复泵；黏度特别大时，可选用特殊设计的高黏度往复泵。

3）允许流量有脉动，可选用往复泵。

4）对启动频繁或灌泵不便的场合，应选用具有自吸性能的泵，如自吸式离心泵、自吸式容积泵等。

5.3.7 安装要求

1）对安装在有腐蚀性气体存在场合的泵，要求采取防大气腐蚀的措施。

2）对安装在室外环境温度低于-20℃以下的泵，要求考虑泵的冷脆现象，采用耐低温材料。

3）对安装在爆炸区域的泵，应根据爆炸区域等级，采用防爆电机。

4）对于要求每年一次大检修的工厂，泵的连续运转周期一般不应小于8000h。为适应三年一次大检修的要求，API610（第8版）《石油重化学和天然气工业用离心泵》规定，石油、重化学和气体工业用泵的连续运转周期至少为3年。

5）泵的设计、制造、检验应符合有关标准和规范的规定。

6）应保证泵在电源电压、频率变化范围内的性能。我国供电电压、频率的变化范围为电压380V（±10%），6000V时误差为-7%~5%，频率50Hz（±0.5%）。

7）确定泵的型号和制造厂时，应综合考虑泵的性能、能耗、可靠性、价格和制造规范等因素。

5.3.8 流量、扬程

1）螺杆泵的实际扬程不超过额定扬程的80%，要留有20%的安全余量。如果实际举升压头在2000m左右，泵的额定扬程至少要2600m以上扬程，螺杆泵产量在0.625~1.67m^3/h。

2）柱塞泵：流量范围为0~70m^3/h，高压柱塞泵的使用压力一般应在10~100MPa之间。

5.3.9 轴封形式

1）填料密封：结构简单、价格便宜、维护方便，但泄漏量大、功耗损失大，因此填料密封用于输送一般介质，如水；一般不适用于石油及化工介质，特别是不能用在贵重、易爆和有毒介质中。

2）机械密封：（也称端面密封）密封效果好，泄漏量很小，寿命长，但价格贵，加工安装维护保养比一般密封要求高。机械密封适用于输送石油及化工介质，可用于各种不同黏度、强腐蚀性和含颗粒的介质。

3）动力密封：分为背叶片密封和副叶轮密封两类。泵工作时靠背叶片（或副叶轮）的离心力作用使轴封处的介质压力下降至常压或负压状态，使泵在使用过程中不泄漏。停车时离心力消失，背叶片（或副叶轮）的密封作用失效，这时靠停车密封装置起到密封作用。与背叶片（或副叶轮）配套的停车密封装置中较多采用填料密封。动力密封性能可靠，价格便宜，维护方便，适用于输送含有固体颗粒较多的介质。缺点：功率损失较机械密封大，停车密封装置的寿命较短。

5.3.10 联轴器及其选用

1）爪型弹性联轴器：爪型弹性联轴器又称弹性块联轴器，其特点：体积小、重量轻、结构简单、安装方便、价格廉价，常用于小功率及不太重要的场合。

2）弹性柱销联轴器：弹性柱销联轴器以柱销与两半联轴器的凸缘相联，柱销的一端以圆锥面和螺母与半联轴器凸缘上的锥形销孔形成固定装配，另一端带有弹性套，装在另一半联轴器凸缘的柱孔销中。弹性套用橡胶制成。弹性套柱销联轴器的特点：结构简单、安装方便、更换容易、尺寸小、重量轻、传动扭矩大，广泛应用于各种旋转泵中。

3）膜片联轴器：膜片联轴器是采用一组厚度很薄的金属弹簧片，制成各种形状，用螺栓分别与两半联轴器联接。膜片联轴器结构简单、不需要润滑和维护、抗高温、抗不对中性能好、可靠性高、传动扭距大，但价格较高。水泵行业推荐的膜片联轴器为 JM1J 型接中间轴整体式膜片联轴器。

4）液力耦合器：液力耦合器是一种液力传动装置，又称液力联轴器。液力耦合器其结构主要由壳体、泵轮、涡轮三个部分组成。液力耦合器工作时，电动机的动能通过泵轮传给液压油，液压油在循环流动的过程中又将动能传给涡轮输出。液力耦合器启动平稳，有过载保护及无级调速等功能，缺点是存在一定的功率损耗，价格较贵。一般均用于大功率或工况需经常改变的大泵。

5.4 原油集输系统机泵选型指南

5.4.1 通用选型规定

（1）满足装置工艺参数的要求

使所选泵的型式和性能符合装置流量、扬程、压力、温度、汽蚀流量、吸程等工艺参数的要求。

（2）满足介质特性的要求

1）对输送易燃、易爆有毒或贵重介质的泵，要求轴封可靠或采用无泄漏泵，如磁力驱动泵、隔膜泵、屏蔽泵。

2）对输送腐蚀性介质的泵，要求对流部件采用耐腐蚀性材料，如 AFB 不锈钢耐腐蚀泵、CQF 工程塑料磁力驱动泵。

3）对输送含固体颗粒介质的泵，要求对流部件采用耐磨材料，必要时轴封采用清洁液体冲洗。

（3）满足机械方面的要求

机械方面可靠性高、噪声低、振动小。

（4）满足经济方面的要求

经济上要综合考虑到设备费、运转费、维修费和管理费的总成本最低。

5.4.2 输油泵选型指南

1）离心式输油泵，必须满足流量、扬程、压力和温度等工艺参数的要求。排量、压力、功率及所能输的液体要与输油任务相适应。为保证正常运转，离心泵应有良好的吸入性能。此外，轴封应严密、可靠，防止易燃、易爆的油品泄漏，润滑冷却良好，零部件有足够的强度，泵便于操作和维修。泵的工作范围广，即工况变化时仍能在高效区工作。

2）螺杆式输油泵，流量是选配油泵的重要性能数据之一，它直接关系到整个装置的生产能力和输送能力，通常可取正常流量的1.1倍作为最大流量。螺杆泵的转速选用，通过减速机构或无级调速机构来降低转速，使其转速保持在300r/min以下较为合理的范围内，与高速运转的螺杆泵相比，使用寿命能延长几倍。螺杆泵决不允许在断料的情形下运转，一经发生，橡胶定子由于干摩擦，瞬间产生高温而烧坏，所以粉碎机完好、格栅畅通是螺杆泵正常运转的必要条件之一。为了避免螺杆泵损坏，一般会在螺杆泵出口处会安装回油阀，用以稳定出口压力，保持泵的正常运转。

3）输油泵推荐系列。

外输泵按油品类型分成输送稀油、稠油的外输泵，按照基本结构类型分成离心式和螺杆式的外输泵，表5-8～表5-11为塔河油田外输泵输送油品在额定流量为0～30m³/h、30～60m³/h、60～90m³/h以及大于90m³/h时的泵效。

表5-8　外输泵输送油品时额定流量在0～30m³/h的泵效

流量范围/(m³/h)	油品类型	泵类型	泵型号	泵额定流量/(m³/h)	泵运行效率/%
0～30	稀油	离心泵	MC40(A)-011	15	79.33
			MC(A)40-11	15	79.33
			MC(A)40-11	15	79.33
			DYK15-50×5	15	75.2
			DYK25-50×5	25	22.22
			DYK25-50×5	25	22.22
			DYK25-50×6	25	26.66
			D25-30×4	25	32.64
			WFDY25-50×8	25	65.28
		螺杆泵	—	—	—
	稠油	离心泵	—	—	—
		螺杆泵	—	—	—

由表5-8中的数据可以看出，外输泵输送稀油在额定流量为0～30m³/h时，以下三种型号MC40(A)-011、MC(A)40-11、DYK15-50×5离心式外输泵泵效在70%～80%之间，泵效较高且上述型号机组效率均大于机组效率限定值39%，可作为推荐型号。

表 5-9 外输泵输送油品时额定流量在 30~60m³/h 的泵效

流量范围/(m³/h)	油品类型	泵类型	泵型号	泵额定流量/(m³/h)	泵运行效率/%
30~60	稀油	离心泵	DS50B-4	30	33.33
			DS50B-4	30	33.33
			DYK35-50×6	35	63.63
			DYK35-50×6	35	63.63
			DYK35-50×6	35	23.31
			DYK35-50×8	35	43.2
			WFDY46-50×8	35	51.42
			WFDY46-50×8	35	51.42
			DFYG40-200	40	68
			D46-50×6	46	85.73
			DYK46-50×10	46	54.78
			DYK46-50×10	46	54.78
			DYK46-50×10	46	54.78
			DYK46-50×10	46	59.13
			DYK50-50×5	50	76.86
			DYK50-50×5	50	30.24
			DS50A-4	50	77.86
			DS50A-4	50	77.86
			DS50A-4	50	77.86
			DYK60-50×4	60	40.15
			DYK60-50×4	60	96.11
			DYK60-50×4	60	96.11
			DYK60-50×4	60	96.11
		螺杆泵	ME3H2650-0-W302	30	90.66
			ME3H2650-0-W302	30	90.66
			KD121N2-60-1.2	60	45.33
			KD121N2-60-1.2	60	45.33
	稠油	离心泵	—	—	—
		螺杆泵	W4.2ZK-43ZOM1W84	30	58.35
			W7.3ZK/B-33Z0JM3W81B	35	35.01
			W7.3ZK-28-Z0JM1W81	45	45.44
			W7T.3ZK/B-Z0JM3W81B	45	29.64
			HW7.3ZK-28ZOJM1W81	45	39.51
			W6.5ZK-50BZOM1W84	45	56.25
			HW7.3ZK-33JM2W81A	50	26.44
			LCW50/0.6	50	18.62
			W7T.3ZK/B-Z0JM3W81A	60	47.02

由表 5-9 中的数据可以看出外输泵输送稀油时在额定流量 30~60m³/h，离心式与螺杆式均适用，离心式泵效率普遍高于螺杆式，因此在额定流量 30~60m³/h 时推荐外输泵输送

稀油时选用顺序宜为：离心式外输泵、螺杆式外输泵。外输泵输送稀油在额定流量为 30～60m³/h 时，以下三种型号 DYK60-50×4、D46-50×6、DS50A-4 离心式外输泵泵效在70%～100%之间泵效较高，ME3H2650-0-W302 螺杆式外输泵泵效在 90%～100%泵效较高；外输泵输送稠油在额定流量 30～60m³/h 时，以下三种型号 W4. 2ZK-43ZOM1W84、W6. 5ZK-50BZOM1W84、W7T. 3ZK/B-Z0JM3W81A 螺杆式外输泵泵效在 45%～60%，泵效相对较高且上述型号机组效率均大于机组效率限定值 42%，可作为推荐型号。

表 5-10 外输泵输送油品时额定流量在 60～90m³/h 的泵效

流量范围/(m³/h)	油品类型	泵类型	泵型号	泵额定流量/(m³/h)	泵运行效率/%
60～90	稀油	离心泵	TLB63/2. 5	63	52. 38
			DYK80-50×4	80	36
			DYK80-50×6	80	51. 85
			DYK80-50×5	80	54. 9
			DYK80-50×5	80	54. 9
			IS125100250	80	66. 3
			IS125100250	80	66. 3
			IS125100250	80	66. 3
			DYK86-67×7	86	64. 19
			DYK86-67×7	86	61. 07
			DYK86-67×7	86	65. 44
			WFDY85-45×6	90	57. 55
			WFDY85-45×6	90	57. 55
		螺杆泵	——	——	——
	稠油	离心泵	——	——	——
		螺杆泵	W7. 3ZK-50Z0M1W84	65	31. 38
			W7. 3ZK-50Z0M1W84	65	31. 38
			HW7. 3ZK-33-ZOM2W84	70	46. 47
			HW7. 3ZK-33-ZOM2W84	70	37. 60
			HW7. 3ZKM2-43-W13B	70	37. 75
			W7T. 3ZX/B-38Z0JM3W81B	75	29. 69
			W7T3ZK/B-38BZ0JM3W81B	75	28. 51
			W7T. 3ZK/B-38BZ0JM3W81B	75	33. 41
			HW7T. 3ZKM 2-43BJM4W81A	75	43. 04
			HW7T. 3ZKM 2-2BJM4W81A	75	23. 43
			HW7T. 3ZKM 2-2BJM4W81A	75	22. 30
			W7T. 3ZK-28ZOM1W80	75	35. 69
			W7T. 3ZK/B-28Z0JM3W81B	80	45. 77
			W7T. 3ZK/B-28Z0JM3W81B	80	37. 76
			HW7. 3ZKM2-43JM4W81A	80	46. 14
			HPW7T. 3ZK-38BM1W80	85	33. 55
			HZP-160-40	85	40. 75
			W7. 3ZK-43-ZOM1W81	85	51. 45
			EW7T. 3ZKM 2-33BJM4W81A	90	18. 31
			BW7T. 3ZKM 2-33JM4W81B	90	40. 34
			HW7T. 3ZKM2-3313JM4W81A	90	24. 31

由表 5-10 中的数据可以看出，外输泵输送稀油在额定流量为 60～90m^3/h 时，以下三种型号 IS125100250、DYK86-67×7、WFDY85-45×6 离心式外输泵泵效在 55%～70%泵效相对较高；外输泵输送稠油在额定流量为 60～90m^3/h 时，W7. 3ZK-43-ZOM1W81 螺杆式外输泵泵效为 50%～60%泵效相对较高，且上述型号机组效率均大于机组效率限定值 45%，可作为推荐型号。

表 5-11　外输泵输送油品时额定流量大于 90m^3/h 的泵效

流量范围/(m^3/h)	油品类型	泵类型	泵型号	泵额定流量/(m^3/h)	泵运行效率/%
>90	稀油	离心泵	DYK100-60×3	100	36. 85
			NM125SY04S18Z	100	37. 4
			NM125SY04S18Z	100	37. 4
			DYK100-27×6	100	34
			150SHYK50	160	57
			150SHYK50	160	57
			150SHYK50	160	57
			D200-50×8	180	74. 08
			DS150B-3	220	79. 11
			D280-43×7	220	47. 03
			200SHYK95B	250	60. 68
			200SHYK95B	250	60. 68
			200SHYK95B	250	60. 68
		螺杆泵	HW7. 3ZK-43Z0M1W84	93	24. 12
			HW7. 3ZK-43Z0M1W84	93	24. 12
			HW7. 3ZK-43Z0M1W84	93	24. 12
			NM125-025-SBE	95	23. 62
			W6. 5ZK90B-ZOM1W84	130	76. 10
			W7. 32K/B-85Z0JM3W81A	200	56. 35
		离心泵	——	——	——
		螺杆泵	HW7T. 3ZKM2-338JM4W81A	100	17. 94
			HZY160-40	100	17. 98
			WPW7T. 3ZK-38BM1W80	135	56. 29
			HPW7T. 3ZK-38BM1W80	135	89. 03
			HPW7T. 3ZK-448JM3W81A	150	52. 42
	稠油		W7. 3ZK-78ZOM1W84	180	83. 85
			W7. 3ZK-78ZOM1W84	180	40. 42
			W7. 3Z-85Z0M1W81	180	54. 95
			W7T. 3ZK/B-85Z0Jm^{3}W8/A	250	34. 34
			W7T. 3ZK/B-85ZOJM3W81A	250	10. 44
			W7T. 3ZK/B-85ZOJM3W81A	250	13. 75
			W7T. 2ZK-112Z1. Jm^{3}W64A	360	31. 54

由表 5-11 中的数据可知，外输泵在额定流量大于 90m³/h，离心式与螺杆式均适用，离心式泵效率普遍高于螺杆式，因此在额定流量大于 90m³/h 时推荐外输泵输送稀油时选用顺序宜为：离心式外输泵、螺杆式外输泵。外输泵输送稀油在额定流量大于 90m³/h 时，以下三种型号 DS150B-3、D200-50×8、200SHYK95B 离心式外输泵泵效在 60%~80%泵效相对较高，W6. 5ZK90B-ZOM1W84 螺杆式外输泵泵效在 70%~80%泵效较高；外输泵输送稠油在额定流量大于 90m³/h 时，以下两种型号 HPW7T. 3ZK - 38BM1W80、W7. 3ZK - 78ZOM1W84 螺杆式外输泵泵效在 80%~90%泵效较高且上述型号机组效率均大于机组效率限定值 54%，可作为推荐型号。

由以上分析得出输油泵推荐系列。

外输泵输送稀油时，输油泵推荐系列Ⅰ见表 5-12，输油泵推荐型号Ⅰ见表 5-13。

表 5-12 输油泵推荐系列Ⅰ

序号	基本结构型式	额定流量/(m³/h)			
		0~30	30~60	60~90	>90
1	离心式外输泵	▲	▲	▲	▲
2	螺杆式外输泵		△		△

注：本表中“▲”为优先推荐系列，“△”的为一般推荐系列。

表 5-13 输油泵推荐型号Ⅰ

泵分类	油品类型	基本结构型式	额定流量/(m³/h)			
			0~30	30~60	60~90	>90
外输泵	稀油	离心式	MC40(A)-011	DYK60-50×4	IS125100250	DS150B-3
			MC(A)40-11	D46-50×6	DYK86-67×7	D200-50×8
			DYK15-50×5	DS50A-4	WFDY85-45×6	200SHYK95B
		螺杆式	—	ME3H2650-0-W302	—	W6. 5ZK90B-ZOM1W84

外输泵输送稠油时，输油泵推荐系列Ⅱ见表 5-14，输油泵推荐型号Ⅱ见表 5-15。

表 5-14 输油泵推荐系列Ⅱ

序号	基本结构型式	额定流量/(m³/h)			
		0~30	30~60	60~90	>90
1	螺杆式外输泵	—	▲	▲	▲

注：本表中“▲”为优先推荐系列。

表 5-15 输油泵推荐型号Ⅱ

泵分类	油品类型	基本结构型式	额定流量/(m³/h)			
			0~30	30~60	60~90	>90
外输泵	稠油	螺杆式	—	W4. 2ZK-43ZOM1W84	W7. 3ZK-43-ZOM1W81	HPW7T. 3ZK-38BM1W80
				W6. 5ZK-50BZOM1W84	—	W7. 3ZK-78ZOM1W84
				W7T. 3ZK/B-Z0JM3W81A	—	—

5.5 本章小结

本章通过调研油田加热炉、机泵实际运行状况，编写了油田用能设备选型指南。根据不同负荷、不同类型油田加热炉的热效率曲线，用于井口含水外输加热炉推荐使用水套加热炉，站内掺稀加热炉、含水油外输加热炉、脱水加热炉、净化油加热炉推荐使用真空相变加热炉。根据不同额定流量、不同油品性质油田机泵的运行效率，输送介质为稀油时优先推荐离心式外输泵，输送介质为稠油时优先推荐螺杆式外输泵。

参 考 文 献

[1] 刘扬．油气集输[M]．北京：石油工业出版社，2015.

[2] 中华人民共和国国家质量监督检验检疫总局，中国国家标准化管理委员会．GB/T 33653—2017 油田生产系统能耗测试和计算方法[S].

[3] 袁永惠．油气集输能量系统的热力学评价与分析[D]．大庆：大庆石油学院，2009.

[4] 司志梅，段志刚，钱钦，等．基于层次分析法的转油站系统能效评价体系研究[J]．油气田地面工程，2019(6).

[5] 李玉星，吴晓，韩方勇．基于 AHP 融合模糊综合评价法的集输系统用能研究[J]．油气田地面工程，2017(11).

[6] 盘辰琳．管输原油(㶲)传递能耗指标筛选及评价体系建立[D]．大庆：东北石油大学，2018.

[7] 范明月．原油管道输送系统能效评价体系的建立及应用研究[D]．大庆：东北石油大学，2016.

[8] 徐哲．兴二联集输系统能耗分布规律研究[D]．大庆：东北石油大学，2016.

[9] 朱娇．低渗透油田转油站集输系统能耗分布规律研究[D]．大庆：东北石油大学，2013.

[10] 徐宝珠．浅析油气田加热炉能效现状与提效对策．化工管理[J]，2015(25)：165+182.

[11] 孟岚，赵雪峰，韦振光，谈庆旬．油田加热炉的应用现状与提效技术方向．石油石化节能[J]，2015，5(04)：33-35.

[12] 杨秀丽，胡晓峰，郑炜博，樊娜，刘晓雷．油田加热炉运行现状及节能潜力分析．石油石化节能[J]，2016，6(09)：26-28+3-4.

[13] 邓寿禄，范路，郑炜博，杨秀丽，胡晓峰．加热炉正平衡热效率实时在线测量技术的研究．石油石化节能[J]，2015，5(10)：5-6+19.

[14] 成庆林，李秀娟，吴照云．油田加热炉节能运行的灰色关联综合评价．科学技术与工程[J]，2011，11(24)：5941-5945.

[15] 刘扬，成庆林，李秀娟．油田加热炉节能运行的综合评价系统开发．油气储运[J]，2012，31(04)：297-300+327-328.

[16] 李秀娟．油田加热炉节能运行的综合评价[D]．大庆：东北石油大学，2011.

[17] 陈菓，陈晋，彭金辉，郭胜惠．模糊综合评价法在管式加热炉设计方案中的应用．现代制造工程[J]，2008(05)：16-18.

[18] 孙忠辉，李彬，李秀娟，成庆林．油田加热炉能效限定及运行综合评价．石油石化节能[J]，2013，3(08)：21-23+60.

[19] 曹伟，李晓玲，郭霄，孙守渊．油田加热炉能效分级测试评价实践研究．节能技术[J]，2018，36(05)：453-455.

[20] 王东，张洪江，白晓彤，李明峰，吴丽娜．油田用加热炉节能评价指标限值研究．石油石化节能[J]，2015，5(12)：1-4.

[21] 中华人民共和国国家质量监督检验检疫总局，中国国家标准化管理委员会．GB/T 31453—2015 油田生产系统节能监测规范[S].

[22] 马建国．油田加热炉节能监测与评价方法[M]．北京：石油工业出版社，2017.

[23] 孙慧钧．关于权数与赋权方法分类的探讨[J]．东北财经大学学报，2009(04)：3-7.

[24] 赵晓芬．灰色系统理论概述[J]．吉林省教育学院学报，2011，27(03)：152-154.

[25] 白晓彤．油田加热炉经济运行评价方法与优化[D]．大庆：东北石油大学，2016.

[26] 韩建华，石磊，孙洪涛．东营港公司管道离心泵切割叶轮分析——通过切削离心泵叶轮降低扬程减少能耗[J]．石化技术，2019，26(08)：200+203.

[27] 丁稳生．变频技术在长输管道输油泵机组上的应用[J]．中国石油和化工标准与质量，2019，39(13)：

213-214.
[28] 赵风电．输油泵变频节能技术的运用[J]．化工管理，2019(07)：182-183.
[29] 张立晓，黄春，李山，徐文甲．KDY型输油泵叶轮切削与节能分析[J]．内燃机与配件，2016(09)：47-48.
[30] 李凤乾，安家荣，史培玉，岳珍，康厂．输油泵节能改造方案优选及实施[J]．油气田地面工程，2008(08)：40.
[31] 台熙鑫，孙文成，亚森·热合曼．浅析改变输油泵叶轮外径降低输液单耗[J]．科技风，2008(14)：47-48.
[32] 侯苏明，樊江涛．输油泵叶轮切削技术在生产中的应用[J]．管道技术与设备，2008(02)：59-60+62.
[33] 曾茹，王本汉，周灌中．黄岛油库输油泵技术改造[J]．石油规划设计，2005(05)：48-50.
[34] 姬忠礼，邓志安，赵会军．泵与压缩机[M]．北京：石油工业出版社，2008.
[35] 马建国．油田泵机组节能监测与评价方法[M]．北京：石油工业出版社，2017.
[36] 全国化工设备设计技术中心站机泵技术委员会．工业泵选用手册[M]．北京：化学工业出版社，1998.